中等职业教育加工制造类系列教材

CAD/CAM 软件技术应用
（CAXA）

主　编　陆浩刚

副主编　柴　俊

参　编　钱志萍　高　嵩　吴红刚

主　审　张　萍

北京理工大学出版社
BEIJING INSTITUTE OF TECHNOLOGY PRESS

内容简介

本书分为 CAD/CAM 技术、CAXA 数控车、CAXA 制造工程师及常用 CAD/CAM 软件操作三大部分共 7 个项目，分别为：项目 1 认识 CAD/CAM 技术、项目 2 绘制轴套类零件工程图、项目 3 典型零件数控车仿真加工、项目 4 线架建模、项目 5 曲面建模、项目 6 特征造型、项目 7 平面类零件数控加工。每个项目 2~5 个学习任务，每个任务有任务引入、相关知识、任务实施、任务考核及复习思考，每个项目后再有思考练习。结合课程标准需要及学生知识能力结构现状，在项目 7 平面类零件数控加工中，任务 2 凸轮建模与加工要求到理实一体化车间进行操作加工。

本书既可作为职业院校数控技术应用、机电技术应用、机械制造技术、机械加工技术、模具制造技术专业教学用书，也可作为软件认证培训教材及从事数控加工和模具设计的广大工程技术人员参考书。

版权专有　侵权必究

图书在版编目（CIP）数据

CAD/CAM 软件技术应用：CAXA / 陆浩刚主编. -- 北京：北京理工大学出版社，2019.10（2024.2 重印）
ISBN 978 - 7 - 5682 - 7790 - 7

Ⅰ. ①C… Ⅱ. ①陆… Ⅲ. ①数控机床 - 计算机辅助设计 - 应用软件 Ⅳ. ① TG659

中国版本图书馆 CIP 数据核字（2019）第 239995 号

责任编辑：陆世立	**文案编辑**：陆世立
责任校对：周瑞红	**责任印制**：边心超

出版发行 / 北京理工大学出版社有限责任公司
社　　址 / 北京市丰台区四合庄路 6 号
邮　　编 / 100070
电　　话 /（010）68914026（教材售后服务热线）
　　　　　　（010）68944437（课件资源服务热线）
网　　址 / http://www.bitpress.com.cn

版 印 次 / 2024 年 2 月第 1 版第 4 次印刷
印　　刷 / 定州市新华印刷有限公司
开　　本 / 787 mm × 1092 mm　1/16
印　　张 / 16.5
字　　数 / 390 千字
定　　价 / 47.00 元

图书出现印装质量问题，请拨打售后服务热线，负责调换

前 言
FOREWORD

CAXA 数控车及 CAXA 制造工程师是北京数码大方科技股份有限公司（CAXA）一款基于 PC 平台的数字化制造（MES）软件，具有卓越工艺性的 2~5 轴数控编程能力，它能为数控加工提供从建模、设计到加工代码生成、加工仿真、代码校验以及实体仿真等全面数控加工解决方案。在我国应用广泛，在 CAD/CAM 软件中具有代表性。

软件支持 64 位和 32 位操作系统，拥有数据接口、几何建模、加工轨迹生成、加工过程仿真检验、数控加工代码生成、加工工艺单生成等数控加工和编程功能，更具有四轴平切面加工、五轴侧铣加工等。

本书基于最新职教理念，采用项目教学法，以 7 个典型的循序渐进的项目实例介绍 CAXA 数控车及制造工程师软件的功能模块及使用方法。在 2015 年由北京理工大学出版社出版的《CAD/CAM 软件技术应用——CAXA2013》基础上，更新软件版本为 2016 版修订出版而成。主要内容有"认识 CAD/CAM 技术、CAXA 数控车、CAXA 制造工程师"三大部分，共 7 个项目，每个项目 3~6 个学习任务，每个任务有任务引入、相关知识、任务实施、任务考核，每个项目后再有思考练习。

本书根据国家最新人才培养目标中课程体系结构标准量身打造，力求在以下方面有所突破：

（1）理论知识在保证相对完整前提下，合理碎片化，与实践紧

FOREWORD

密结合。以理论为指导，以实践为目的，实践巩固理论，理论指导实践的循环教学模式，努力使学生将理论知识转化为工作能力，达到学以致用的目的。在整本教材中强化了任务驱动的项目教学，采取完成项目任务的模式方法进行教学，让学生在完成项目的过程中掌握理论知识和实际技能。

(2) 推进教法改革。紧密结合学生的实际情况，努力提高学生的学习积极性，培养学生的自主学习的学习兴趣奠定知技基础，贯彻工学结合的教改方针，以真实企业项目为载体，以完成任务为驱动。

(3) 创新能力培养模式。该课程的建设注重"做、说、合作"。强调"能做"，要求每一个学生都要动手亲自操作。要求在小组合作、评价时"能说"，锻炼学生学会表达与"合作"。

(4) 理实一体化教学理念。充分发挥学生的主体作用，通过给出教学任务和教学目标，让师生双方边教、边学、边做，突出学生动手能力和专业技能的培养，充分调动和激发学生学习兴趣。

本书既可作为职业院校数控技术应用、机电技术应用、机械制造技术、机械加工技术、模具制造技术专业教学用书，也可作为软件认证培训教材及从事数控加工和模具设计的广大工程技术人员参考书。

本书由陆浩刚担任主编，柴俊担任副主编，参加编写的有陆浩刚（项目1、项目4、项目7）、钱志萍（项目2）、高嵩（项目3、）吴红刚（项目5）和柴俊（项目6），无锡金球机械有限公司平东良总工程师为本书编写提供了大量线索案例，给出了许多有益建议，此处深表感谢。

编　者

目 录

项目1　认识 CAD/CAM 技术

任务1　认识数控加工 ·· 1
任务2　熟悉 CAD/CAM 技术功能及应用 ·· 6
任务3　了解 CAD/CAM 技术发展历程 ··· 14
任务4　了解 CAD/CAM 技术在我国现状及发展趋势 ······································· 17
任务5　了解常用 CAD/CAM 软件 ·· 19
复习思考 ··· 24

项目2　绘制轴套类零件工程图

任务1　认识 CAXA 数控车 2016 ··· 25
任务2　绘制定位销 ·· 32
任务3　绘制手柄 ··· 39
任务4　绘制轴套 ··· 43
复习思考 ··· 47

项目3　典型零件数控车仿真加工

任务1　绘制台阶轴与仿真加工 ·· 48
任务2　绘制螺纹轴与仿真加工 ·· 56
任务3　绘制动力轴与仿真加工 ·· 67
复习思考 ··· 78

项目4　线架建模

任务1　认识 CAXA 制造工程师 2016 ··· 80

任务2 绘制连杆……88
任务3 绘制挂钩……93
任务4 绘制三维曲边盒……97
任务5 完成轴承座三维线架建模……106
复习思考……121

项目5 曲面建模

任务1 完成灯罩的曲面建模……126
任务2 完成五角星曲面……130
任务3 1/4半圆弯头曲面……133
复习思考……136

项目6 特征造型

任务1 完成轴承支座实体造型……137
任务2 完成斜叉实体造型……152
任务3 完成端盖实体造型……167
任务4 完成轮架实体造型……177
任务5 完成法兰弯头实体造型……189
复习思考……204

项目7 平面类零件数控加工

任务1 花形凸模建模与仿真加工……206
任务2 凸轮建模与加工……226
任务3 圆台曲面建模与仿真加工……235
任务4 连杆建模与仿真加工……242
复习思考……252
参考书目……255

项目 1 认识 CAD/CAM 技术

章前导读

随着人们生活水平的提高,消费者的价值观正在发生结构性变化,呈现多样化和个性化特征,用户对产品质量、产品更新换代速度、产品从设计、制造和投放市场的周期都提出了越来越高的要求,为了适应这种变化,企业产品也向着多品种、小批量方向发展。**CAD/CAM** 技术是近 **30** 年来迅速发展,并得到广泛应用的设计和制造自动化应用技术,它从根本上改变了过去从设计到产品的整个生产过程中的技术管理和工作方式,给设计和制造领域带来了深刻变革。其发展与应用程度已经成为一个国家科技进步和工业现代化水平的重要标志之一。

任务 1 认识数控加工

数控加工是指由控制系统发出指令使刀具作符合要求的各种运动,以数字和字母形式表示工件的形状和尺寸等技术要求和加工工艺要求进行的加工。它泛指在数控机床上进行零件加工的工艺过程,如图 1-1 所示。

图 1-1

项目 1　认识 CAD/CAM 技术

一、数控加工过程

利用数控机床完成零件数控加工的过程如图 1-2 所示，主要内容如下。

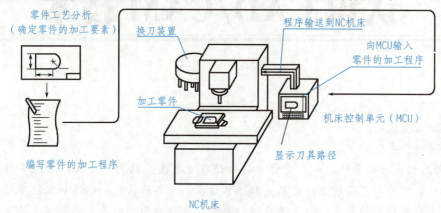

图 1-2

(1) 根据零件加工图样进行工艺分析，确定加工方案、工艺参数和位移数据。

(2) 用规定的程序代码和格式编写零件加工程序单，或用自动编程软件，进行 CAD/CAM 工作，直接生成零件的加工程序文件。

(3) 程序的输入或传输。由手工编写的程序，可以通过数控机床的操作面板输入；由编程软件生成的程序，通过计算机的串行通信接口直接传输到数控机床的控制单元 (MCU)。

(4) 将输入/传输到数控单元的加工程序，进行试运行、刀具路径模拟等，CAXA 制造工程师仿真加工如图 1-3 所示。

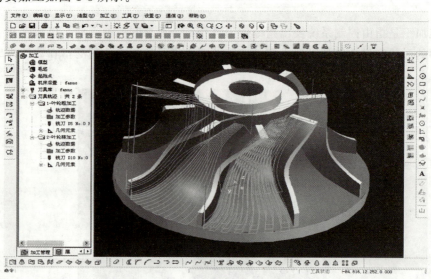

图 1-3

(5)通过对机床的正确操作,运行程序,完成零件的加工。

二、数控机床组成

数控机床一般由输入/输出设备、CNC装置(或称CNC单元)、伺服单元、驱动装置(或称执行机构)、可编程控制器PLC、电气控制装置、辅助装置、机床本体及测量装置组成,如图1-4所示。

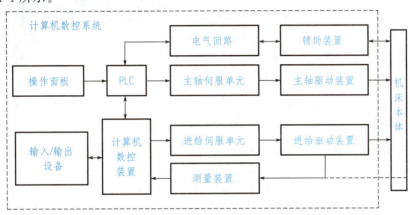

图 1-4

1. 机床本体

CNC机床由于切削用量大、连续加工发热量大等因素对加工精度有一定影响,加之在加工中是自动控制,不能像在普通机床上那样由人工进行调整、补偿,所以其设计要求比普通机床更严格,制造要求更精密,采用了许多新的加强刚性、减小热变形、提高精度等方面的措施。

2. CNC装置

CNC装置是CNC系统的核心,主要包括微处理器CPU、存储器、局部总线、外围逻辑电路以及与CNC系统的其他组成部分联系的接口。数控机床的CNC系统完全由软件处理数字信息,因而具有真正的柔性化,可处理逻辑电路难以处理的复杂信息,使数字控制系统的性能大大提高。

3. 输入/输出设备

键盘、磁盘机等是数控机床的典型输入设备,还可以用串行通信的方式输入。

数控系统一般配有CRT显示器或点阵式液晶显示器,显示的信息较丰富,并能显示图形。操作人员通过显示器获得必要的信息。

4. 伺服单元

伺服单元是CNC和机床本体的连接环节,它把来自CNC装置的微弱指令信号放大成控制驱动装置的大功率信号。根据接收指令的不同,伺服单元有脉冲式和模拟式之分,而模拟式伺服单元按电源种类又可分为直流伺服单元和交流伺服单元,如图1-5所示。

5. 驱动装置

驱动装置把经放大的指令信号变为机械运动,通过简单的机械连接部件驱动机床,使工作台精确定位或按规定的轨迹作严格的相对运动,最后加工出图纸所要求的零件。和伺服单元相对应,驱动装置有步进电机、直流伺服电机和交流伺服电机等。

伺服单元和驱动装置可合称为伺服驱动系统,它是机床工作的动力装置,CNC 装置的指令要靠伺服驱动系统付诸实施,所以,伺服驱动系统是数控机床的重要组成部分。从某种意义上说,数控机床功能的强弱主要取决于 CNC 装置,而数控机床性能的好坏主要取决于伺服驱动系统。

（a）交流伺服单元　　（b）交流伺服驱动单元

图 1-5

6. 可编程控制器

可编程控制器(PC,Programmable Controller)是一种以微处理器为基础的通用型自动控制装置,专为在工业环境下应用而设计的。由于最初研制这种装置的目的是为了解决生产设备的逻辑及开关控制,故把它称为可编程逻辑控制器(PLC,Programmable Logic Controller)。当 PLC 用于控制机床顺序动作时,也可称之为编程机床控制器(PMC,Programmable Machine Controller),如图 1-6 所示。

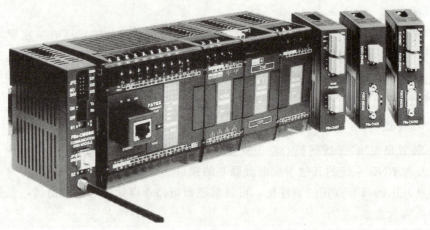

图 1-6

PLC 已成为数控机床不可缺少的控制装置。CNC 和 PLC 协调配合,共同完成对数控机床的控制。用于数控机床的 PLC 一般分为两类:一类是 CNC 的生产厂家为实现数控机床的顺序控制,而将 CNC 和 PLC 综合起来设计,称为内装型(或集成型)PLC,内装型 PLC 是 CNC 装置的一部分;另一类是以独立专业化的 PLC 生产厂家的产品来实现顺序控制功能,称为独立型(或外装型)PLC。

7. 测量装置

测量装置也称反馈元件，通常安装在机床的工作台或丝杠上，相当于普通机床的刻度盘和人的眼睛，它把机床工作台的实际位移转变成电信号反馈给 CNC 装置，供 CNC 装置与指令值比较产生误差信号，以控制机床向消除该误差的方向移动。按有无检测装置，CNC 系统可分为开环与闭环数控系统，而按测量装置的安装位置又可分为闭环与半闭环数控系统。开环数控系统的控制精度取决于步进电机和丝杠的精度，闭环数控系统的控制精度取决于检测装置的精度。因此，测量装置是高性能数控机床的重要组成部分。此外，由测量装置和显示环节构成的数显装置，可以在线显示机床移动部件的坐标值，大大提高工作效率和工件的加工精度。

三、数控加工主要特点

数控机床一开始就选定具有复杂型面的飞机零件作为加工对象，解决普通加工方法难以解决的问题。数控加工的最大特点是用穿孔带（或磁带）控制机床进行自动加工。由于飞机、火箭和发动机零件各有不同的特点：飞机和火箭的零、构件尺寸大，型面复杂；发动机零、构件尺寸小，精度高。因此飞机、火箭制造部门和发动机制造部门所选用的数控机床有所不同。在飞机和火箭制造中以采用连续控制的大型数控铣床为主，而在发动机制造中既采用连续控制的数控机床，也采用点位控制的数控机床（如数控钻床、数控镗床、加工中心等）。

1. 工序集中

数控机床一般带有可以自动换刀的刀架、刀库，换刀过程由程序控制自动进行，因此，工序比较集中。工序集中带来巨大的经济效益：

(1) 减少机床占地面积，节约厂房。

(2) 减少或没有中间环节（如半成品的中间检测、暂存搬运等），既省时间又省人力。

2. 自动化

数控机床加工时，不需人工控制刀具，自动化程度高。

(1) 对操作工人的要求降低。一个普通机床的高级工，不是短时间内可以培养的，而一个不需编程的数控工培养时间极短（如数控车工需要一周即可，还会编写简单的加工程序）。并且，数控工在数控机床上加工出的零件比普通工在传统机床上加工的零件精度要高，时间要短。

(2) 降低了工人的劳动强度。数控工人在加工过程中，大部分时间被排斥在加工过程之外，非常省力。

(3) 产品质量稳定。数控机床的加工自动化，免除了普通机床上工人的人为误差，提高了产品的一致性。

(4) 加工效率高。数控机床的自动换刀等使加工过程紧凑，提高了劳动生产率。

3. 柔性化高

传统的通用机床，虽然柔性好，但效率低；而传统的专用机床，虽然效率高，但对零件的适应性差,刚性大,柔性差,很难适应市场经济下的激烈竞争带来的产品频繁改型。数控机床只要改变程序就可以加工新的零件,而且又能自动化操作,柔性好,效率高,因此数控机床能很好地适应市场竞争。

4. 能力强

数控机床能精确加工各种轮廓,而有些轮廓在普通机床上无法加工。数控机床特别适合以下场合:

(1)不许报废的零件。
(2)新产品研制。
(3)急需件的加工。

任务 2 熟悉 CAD/CAM 技术功能及应用

一、CAD/CAM 系统基本功能

由于 CAD/CAM 所处理的对象不同,对硬件的配置、选型不同,所选择的支撑软件不同,所以,对系统功能的要求也会有所不同,但 CAD/CAM 系统基本功能与主要任务基本相似。大体如下:

1. 图形显示功能

CAD/CAM 是一个人机交互的过程,从产品的建模、构思、方案确定、结构分析,到加工过程的仿真,系统随时保证用户能够观察、修改中间结果,实时编辑处理。用户的每一次操作,都能从显示器上及时得到反馈,直到取得最佳的设计结果。图形显示功能不仅能够对二维平面图形进行显示控制,还应当包含三维实体的处理,数控车床人机界面如图 1-3 所示。

2. 输入/输出功能

在 CAD/CAM 系统运行中,用户需不断地将有关设计的要求、各步骤的具体数据等输入计算机内,通过计算机的处理,能够输出系统处理的结果,且输入/输出的信息既可以是数值的,也可以是非数值的(例如图形数据、文本、字符等)。

3. 存储功能

由于 CAD/CAM 系统运行时,数据量很大,往往有很多算法生成大量的中间数据,尤其是对图形的操作、交互式的设计以及结构分析中网格的划分等。为了保证系统能够正常地运行,CAD/CAM 系统必须配置容量较大的存储设备,支持数据在模块运行时的正确流通。另外,工程数据库系统的运行也必须有足够存储空间的保障。

4. 交互功能(人机接口)

在 CAD/CAM 系统中,人机接口是用户与系统连接的桥梁。友好的用户界面是保证

用户直接有效地完成复杂设计任务的必要条件,除软件中界面设计外,还必须有交互设备实现人与计算机之间的通信,数控车床人机界面如图 1-7 所示。

图 1-7

二、CAD/CAM 系统的主要任务

1. 几何建模

几何建模指能够描述基本几何实体(如大小)及实体间的关系(如几何信息),能够进行图形图像的技术处理。几何建模技术是 CAD/CAM 系统的核心,它为产品的设计、制造提供基本数据和原始信息。产品设计包括产品的方案设计和结构设计,在计算机的辅助下完成。

在结构设计中,可以应用当前较成熟的曲面建模技术、实体建模技术和特征建模技术。另外,在设计阶段要考虑零件的几何特征和制造工艺特征,使产品设计的数据能够在其他环节中使用,CAXA 几何造型如图 1-8 所示。

图 1-8

2. 计算分析

包括几何特征(如体积、表面积、质量、重心位置、转动惯量等)和物理特征(如应力、温度、位移等)的计算分析。如图形处理中变换矩阵的运算;几何建模中体素之间的交、并、差运算;工艺规程设计中工序尺寸、工艺参数的计算;结构分析中应力、温度、位移等物理

量的计算,为系统进行工程分析和数值计算提供必要的基本参数。因此,要求 CAD/CAM 系统对各类计算分析的算法正确、全面,由于数据计算量大,还需要有较高的计算精度。

3. 工程绘图

这是 CAD 系统的重要环节,是产品最终结果的表达方式。CAD/CAM 系统有处理二维图形的能力,包括基本图元的生成,标注尺寸,图形编辑(比例变换、平移、复制、删除等),除此之外,系统还应具备从几何建模的三维图形直接向二维图形转换的功能。

4. 结构分析

CAD/CAM 系统中结构分析常用的方法是有限元法,这是一种数值近似解方法,用来解决结构形状比较复杂的零件的静态、动态特性计算,强度、振动、热变形、磁场、温度场、应力分布状态等计算分析,有限元分析工件 Z 方向位移变形云图如图 1-9 所示。

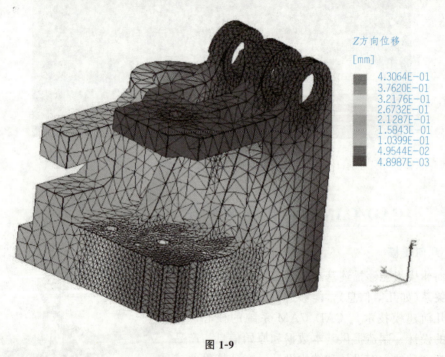

图 1-9

5. 优化设计

CAD/CAM 系统应具有优化求解的功能,也就是在某些条件的限制下,使产品或工程设计中的预定指标达到最优。优化设计包括总体方案的优化、产品零件结构的优化、工艺参数的优化等。优化设计是现代设计方法学的一个重要组成部分,Autodesk Moldflow Insight 对注塑成型零部件优化设计如图 1-10 所示。

6. 计算机辅助工艺过程设计(CAPP)

设计的目的是为了加工制造,而工艺设计是

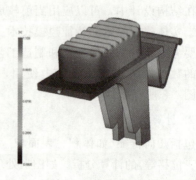

图 1-10

为产品的加工制造提供指导性的文件。因此，CAPP 是 CAD 与 CAM 的中间环节。CAPP 系统应当根据建模后生成的产品信息及制造要求，人机交互或自动决策加工该产品所采用的加工方法、加工步骤、加工设备及加工参数。CAPP 的设计结果一方面能被生产实际应用，生成工艺卡片文件；另一方面能直接输出信息，被 CAM 中的 NC 自动编程系统接收、识别，直接转换为刀位文件，CAXA CAPP 工艺图表如图 1-11 所示。

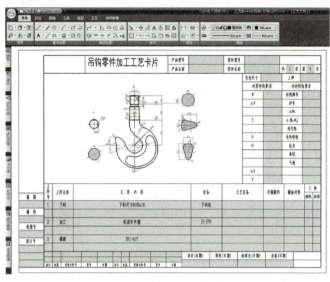

图 1-11

7. 自动编程

加工零件需要来自 CAD 方面的几何信息和来自 CAPP 方面的工艺信息。利用这些信息完成零件的数控加工编程及仿真，并提供数控加工指令文件和切削加工时间等信息，CAXA 制造工程师自动编程如图 1-12 所示。

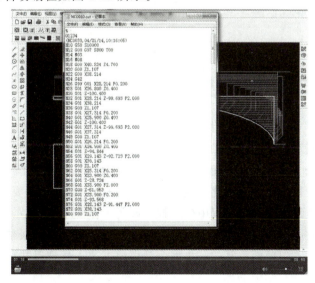

图 1-12

项目 1　认识 CAD/CAM 技术

8. 模拟仿真

模拟是根据设计要求,建立一个工程设计的实际系统模型,如机构、机械手、机器人。

仿真是通过对系统模型的试验运行,研究一个存在的或设计中的系统,通常有加工轨迹仿真,机构运动学仿真,机器人仿真,工件、机床、刀具、夹具的碰撞、干涉检验等。目的在于预测产品的性能,模拟产品的制造过程、可制造性,避免损坏,减少制造投资,如图 1-3 所示。

9. 工程数据管理和信息传输与交换

由于 CAD/CAM 系统中数据量大、种类繁多,又不是孤立的系统,因此,CAD/CAM 系统应能提供有效的管理手段,支持工程设计与制造全过程的信息传输与交换。随着并行作业方式的推广应用,还存在着几个设计者或工作小组之间的信息交换问题,因此,CAD/CAM 系统应具备良好的信息传输管理功能和信息交换功能。标准接口为系统的信息集成提供了重要的基础。系统的接口通常是标准化的或者定义成通用接口,其目的是减少系统对设备的依赖性,避免工作的重复,提高 CAD/CAM 集成系统的工作效率。CAXA 制造过程管理以设备的联网通讯和数据采集为基础,能够快速实现车间各类数控装备的联网和通讯和设备状态数据采集,实现图纸、工艺、3D 模型等技术文件管理,如图 1-13 所示。

图 1-13

三、CAD/CAM 的应用

1. CAD/CAM 技术应用的必要性和迫切性

据统计,机械制造领域的设计工作有 56% 属于适应性设计,20% 属于参数化设计,只有 24% 属于创新设计。某些标准化程度高的领域,参数化设计达到 50% 左右。因此,使设计方法及设计手段科学化、系统化、现代化,实现 CAD 是非常必要的。

编制工艺规程是设计、制造过程中生产技术准备工作的重要环节,过去一直是工艺人员手工完成,不仅效率低,而且依附于人的技能和经验,很难获得最佳方案。同时,与产品设计一样,也存在着烦琐而重复的密集型劳动束缚工艺人员难以从事创造性开拓工作的问题。因此,迫切需要 CAPP 技术。

从机械制造行业来看制造阶段的生产状况,50 件以下的小批量生产约占 75%。据统计，一个零件在车间的平均停留时间中，只有5%的时间是在机床上，而在这个5%的时间中，又只有30%的时间用于切削加工。由此可见，零件在机床上的切削时间只占零件在车间停留时间的1.5%。要提高零件的加工效率、改善经济性，就要减少零件在车间的流通时间和在机床上装卸、调整、测量、等待切削的时间。而做到这一点必须综合考虑生产的管理、调度、零件的传送和装卸方法等多方面因素。这需要通过计算机辅助人们做全面安排，控制加工过程。

2. CAD/CAM 技术的应用

CAD/CAM系统充分发挥计算机及其外围设备的能力，将计算机技术与工程领域中的专业技术结合起来，实现产品的设计、制造，这已成为新一代生产及技术发展的核心技术。

随着计算机硬件和软件的不断发展，CAD/CAM系统的性价比不断提高，使得CAD/CAM技术的应用领域也不断扩大。

航空航天、造船、机床制造都是国内外应用CAD/CAM技术较早的工业部门。首先是用于飞机、船体、机床零部件的外形设计；然后进行一系列的分析计算，如结构分析、优化设计、仿真模拟；最后，根据CAD的几何数据与加工要求生成数据加工程序。机床行业应用CAD/CAM系统进行模块化设计，实现了对用户特殊要求的快速响应制造，缩短了设计制造周期，提高了整体质量。电子工业应用CAD/CAM技术进行印制电路板生产，并实现了不采用CAD/CAM根本无法实现的集成电路生产。在土木建筑领域，引入CAD技术，可节省方案设计时间约90%，投标时间30%，重复绘制作业费90%。除此之外，CAD技术还可用于轻纺服装行业的花纹图案与色彩设计、款式设计、排料放样及衣料裁剪；人文地质领域的地理图、地形图、矿藏勘探图、气象图、人口分布密度图以及有关的等值线图、等位面图的绘制；电影、电视中动画片及特技镜头的制作等许多方面。

CAD技术与CAM技术结合起来，实现设计、制造一体化，具有明显的优越性，主要体现在：

（1）有利于发挥设计人员的创造性，将他们从大量烦琐的重复劳动中解放出来。用CAXA实体设计2013进行大型装配体设计如图1-14所示。

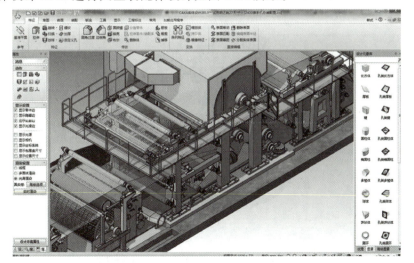

图 1-14

(2)减少了设计、计算、制图、制表所需的时间,缩短了设计周期。

(3)由于采用了计算机辅助分析技术,可以从多方案中进行分析、比较、选出最佳方案,有利于实现设计方案的优化。

(4)有利于实现产品的标准化、通用化和系列化。

(5)减少了零件在车间的流通时间和在机床上装卸、调整、测量、等待切削的时间,提高了加工效率。

(6)先进的生产设备既有较高的生产过程自动化水平,又能在较大范围内适应加工对象的变化,有利于企业提高应变能力和市场竞争力。

(7)提高了产品的质量、设计和生产效率。

(8)CAD/CAM 的一体化,使产品的设计、制造过程形成一个有机的整体,通过信息的集成,在经济、技术上给企业带来综合效益。

四、CAD/CAM 技术基本概念

计算机的出现和发展,实现了将人类从脑力劳动中解放出来的愿望。早在三四十年前,计算机就已作为重要的工具,辅助人类承担一些单调、重复的劳动,如辅助数控编程、工程图样绘制等。在此基础上逐渐出现了计算机辅助设计(CAD)、计算机辅助工艺过程设计(CAPP)和计算机辅助制造(CAM)等概念。

1. CAD

计算机辅助设计(Computer Aided Design,CAD),运用计算机软件制作并模拟实物设计,展现新开发商品的外型、结构、色彩、质感等特色。随着技术的不断发展,计算机辅助设计不仅适用于工业,还适用于平面印刷出版等诸多领域。

工程技术人员以计算机为辅助工具来完成产品设计过程中的各项工作,如草图绘制、零件设计、装配设计、工程分析等,并达到提高产品设计质量、缩短产品开发周期、降低产品成本的目的。CAXA 绘制的发动机如图 1-15 所示。

(a)装配实体

图 1-15

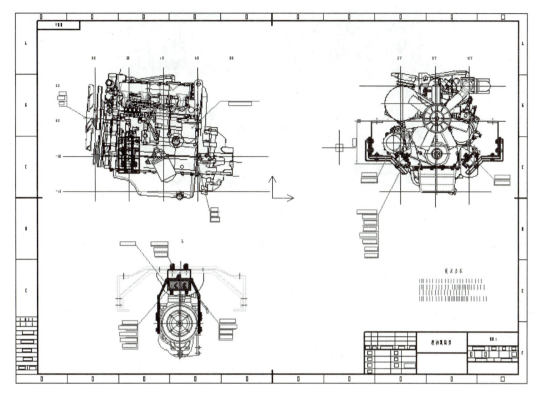

(b)装配图纸

图 1-15(续)

2. CAPP

计算机辅助工艺过程设计(Computer Aided Process Planning，CAPP)，是一种将企业产品设计数据转换为产品制造数据的技术，通过这种计算机技术辅助，工艺设计人员完成从毛坯到成品的设计。CAPP 系统的应用将为企业数据信息的集成打下坚实的基础。

工艺人员借助于计算机，根据产品设计阶段给出的信息和产品制造工艺要求，交互地或自动地确定产品加工方法和方案，如加工方法选择、工艺路线确定、工序设计等，如图 1-11 所示。

3. CAM

计算机辅助制造(Computer Aided Manufacturing，CAM)，核心是计算机数值控制(简称数控)，是将计算机应用于制造生产过程的过程或系统。

计算机辅助制造有广义和狭义两种定义。广义 CAM 是指借助计算机来完成从生产准备到产品制造出来整个过程中的各项活动，包括工艺过程设计(CAPP)、工装设计、计算机辅助数控加工编程、生产作业计划、制造过程控制、质量检测与分析等。狭义 CAM 是指 NC 程序编制，包括刀具路径规划、刀位文件生成、刀具轨迹仿真及 NC 代码生成等。计算机辅助制造如图 1-16 所示。

图 1-16

4. CAD/CAM 集成系统

CAD/CAM 集成系统以计算机硬件、软件为支持环境，通过各个功能、模块（分系统）实现对产品的描述、计算、分析、优化、绘图、工艺规程设计、仿真以及 NC 加工。而广义的 CAD/CAM 系统应包括生产规划、管理、质量控制等方面。这些部分以不同的形式组合集成就构成各种类型的系统。

本书介绍的 CAXA 制造工程师 2016 即为一款 CAD/CAM 集成软件，另有 MASTERCAM、UG 等 CAD/CAM 集成软件。

5. CAE

计算机辅助工程（Computer Aided Engineering，CAE）。

这里的 CAE 主要指用计算机对工程和产品进行性能与安全可靠性分析，对其未来的工作状态和运行行为进行模拟，及早发现设计缺陷，并证实未来工程、产品功能和性能的可用性和可靠性。计算机辅助工程具有以下作用。

(1) 增加设计功能，借助计算机分析计算，确保产品设计的合理性，减少设计成本。
(2) 缩短设计和分析的循环周期。
(3) 起到"虚拟样机"的作用，在很大程度上替代了传统设计中资源消耗极大的"物理样机验证设计"过程，虚拟样机作用能预测产品在整个生命周期内的可靠性。
(4) 采用优化设计，找出产品设计最佳方案，降低材料的消耗或成本。
(5) 在产品制造或工程施工前预先发现潜在的问题。
(6) 模拟各种试验方案，减少试验时间和经费。
(7) 进行机械事故分析，查找事故原因。

任务 3　了解 CAD/CAM 技术发展历程

CAD/CAM 技术是随着计算机技术的发展而发展起来的，CAD/CAM 系统在其形成

任务3　了解 CAD/CAM 技术发展历程

和发展过程中，针对不同的应用领域、用户需求和技术环境，表现出不同的发展水平和构造模式。CAD 和 CAM 两项技术虽然几乎是同时诞生的，但在相当长的时间里却是按照各自轨迹独立地发展来的。

一、CAD 技术的发展

CAD 技术的发展大体经历了四个阶段。

1. 形成阶段

1950 年美国麻省理工学院采用阴极射线管(CRT)研制成功第一台图形显示终端，实现了图形的屏幕显示，从此结束了计算机只能处理字符数据的历史，并在此基础上，孕育出一门新兴学科——计算机图形学。第一台提供用户图形界面(和鼠标)的个人电脑如图1-17所示。

图 1-17

2. 发展阶段

20 世纪 50 年代后期出现了光笔，从此开始了交互式绘图的历史。

20 世纪 60 年代初，屏幕菜单指点、功能键操作、光笔定位、图形动态修改等交互绘图技术相继出现。1962 年美国人 Ivan Sutherland 开发出第一个交互式图形系统——Sketchpad。通过 Sketchpad 用激光笔在屏幕上作图如图 1-18 所示。此后，相继出现了一大批商品化 CAD 软件系统。但是由于显示器价格昂贵，CAD 系统很难推广。直到 60 年代末期，显示技术有了突破，显示器价格大幅度下降，CAD 系统的性能价格比大大提高，CAD 用户开始以每年 30% 的速度递增。

图 1-18

3. 成熟阶段

第一个实体建模(Solid Modeling)试验系统诞生于 1973 年，第一代实体建模软件于 1978 年推向市场，20 世纪八九十年代实体建模技术成为 CAD 技术发展的主流，并走向成熟，出现了一批以三维实体建模为核心的 CAD 软件系统。实体建模技术的发展和应用大大拓宽了 CAD 技术的应用领域。

4. 集成阶段

CAD、CAM 各自对设计过程和制造过程所产生的巨大推动作用已被认同，加之设计和制造自动化的需求，集成化 CAD/CAM 系统的出现是自然而然的事。到了 20 世纪 90 年代，几乎所有的 CAD/CAM 系统都通过自行开发或购买配套模块的方式实现了系统集成。

二、CAM 技术的发展

CAM 技术的发展主要是在数控编程和计算机辅助工艺过程规划两个方面。其中数控编程主要是发展自动编程技术。这种编程技术是由编程人员将加工部位和加工参数以一种限定格式的语言（自动编程语言）写成所谓源程序，然后由专门的软件转换成数控程序。1955 年美国麻省理工学院（MIT）伺服机构实验室公布了 APT（Automatically Programmed Tools）系统。在该系统基础上又发展成 APT-Ⅲ、APT-Ⅳ。20 世纪 60 年代初，西欧开始引入数控技术。在自动编程方面，除了引进美国的系统外，还发展了自己的自动编程系统。如英国国家工程研究所（NEL）的 ZCL，西德的 EXAPT。此外，日本、苏联、中国也都发展了自己的自动编程系统。如日本的 FAPT、HAPT，苏联的 CΠC、CAΠC，中国的 ZBC—1、ZCX—3、CAM—251 等。

经过几十年的发展，以 APT 语言为代表的数控加工编程方法已经非常成熟，甚至当今最好的 CAD/CAM 系统也还带有 APT 源程序输出功能，将 CAD 数据传递给 APT 系统进行处理，并产生机床数控指令。

随着计算机技术、CAD 技术的发展，数控编程开始向交互式图形编程过渡。借助 CAD 图形，以人-机交互的方式将有关工艺路线及参数输入编程系统，再由系统生成数控加工信息。与批处理式的语言编程相比，此种编程方式有很大进步。目前绝大多数商品化 CAD/CAM 系统中，数控编程都采用此方式，如 UG、EUCLID、Intergraph、CV、I-DEAS 等。

20 世纪 70 年代后，人们开发出面向图形的数控编程系统 GNC，它作为面向产品制造的应用系统，得到了迅速的发展和推广。它将几何建模、图形显示、数控编程和后置处理等功能模块有机地结合一起，有效地解决了编程数据的来源问题，有利地推动了 CAD/CAM 技术向着一体化和集成化的方向发展。

三、CAD/CAM 一体化(集成)技术

进入 20 世纪 70 年代，CAD/CAM 开始走向共同发展的道路。由于 CAD 与 CAM 所采用的数据结构不同，在 CAD/CAM 技术发展初期，主要工作是开发数据接口，沟通 CAD 和 CAM 之间的信息流。不同的 CAD/CAM 系统都有自己规定的数据格式，都要开发相应的接口，不利于 CAD/CAM 系统的发展。在这种背景下，美国波音公司和 GE 公

司于 1980 年制定了数据交换规范 IGES(Initial Graphics Exchange Specifications)。这一规范后来被认可为美国 ANSI 标准。IGES 规定了统一的中性文件格式，不同的 CAD/CAM 系统可通过此中性文件进行数据交换，形成一个完整的 CAD/CAM 系统。将不同的系统通过适当的媒介集成到一起，这就给 CAD/CAM 集成化提供了一种很好的想法，许多商品化 CAD/CAM 或 CAD/CAM/CAE 系统都是在这种思想指导下开发的。从本质上讲这是系统的集成，即将不同的系统集成到一起。

随着 CAD/CAM 研究的深入和实际生产对 CAD/CAM 要求的不断提高，人们又提出用统一的产品数据模型同时支持 CAD 和 CAM 的信息表达，在系统设计之初，就将 CAD/CAM 视为一个整体，实现真正意义的集成化 CAD/CAM，使 CAD/CAM 进入了一个崭新的阶段。统一产品模型的建立，一方面为实现系统的高度集成提供了有效的手段，另一方面，也为 CAD/CAM 系统中实现并行设计提供了可能。目前，各大商品化软件纷纷向此方向靠拢。例如 SDRC 公司的 I—DEAS Master serial 版，在 Master Model 的统一支持下，实现了集成化 CAD/CAM，并在此基础上实现并行工程。

20 世纪 80 年代，出现了一大批工程化的 CAD/CAM 商品化软件系统，其中较著名的有 CADAM，CATIA，UG，I—DEAS，Pro/ENGINEER，ACIS 等，并应用到机械、航空航天、汽车、造船等领域。

进入 20 世纪 90 年代以来，CAD/CAM 系统的集成度不断增加，特征建模技术的成熟应用，为从根本上解决由 CAD 到 CAM 的数据流无缝传递奠定了基础，使 CAD/CAM 达到了真正意义上的集成，从而发挥出最高的效益。

任务 4　了解 CAD/CAM 技术在我国现状及发展趋势

一、CAD/CAM 技术在国内的应用现状

我国 CAD/CAM 技术的应用起步于 20 世纪 60 年代末，经过 40 多年的研究、开发与推广应用，CAD/CAM 技术已经广泛应用于国内各行各业。综合来看，CAD/CAM 技术在国内的应用主要有以下几个特点：

1. 起步晚、市场份额小

我国 CAD/CAM 技术应用从 20 世纪 80 年代开始，"七五"期间国家支持对 24 个重点机械产品进行了 CAD/CAM 的开发研制工作，为我国 CAD/CAM 技术的发展奠定了一定的基础。国家科委颁布实施的"863 计划"也大大促进了 CAD/CAM 技术的研究和发展。"九五"期间国家科委又颁发了《1995～2000 年我国 CAD/CAM 应用工程发展纲要》，将推广和应用 CAD/CAM 技术作为改造传统企业的重要战略措施。有些小企业由于经济实力不足、技术人才缺乏，CAD/CAM 技术还不能够完全应用到生产实践中。国内研发的

CAD/CAM 软件在包装和功能上与发达国家还存在差距，市场份额小。

2. 应用范围窄、层次浅

CAD/CAM 技术在企业中的应用在 CAD 方面主要包括二维绘图、三维建模、装配建模、有限元分析和优化设计等。其中 CAD 二维绘图技术在企业应用情况较好，这一方面得益于国家大力推进的"甩图板"工程，另一方面是由于二维绘图技术解决的是所有企业的共性问题。三维建模软件由于早期没有推出微机版本，需要在工作站环境中工作，投资较大，所以只有部分大企业有所应用。在 CAM 方面，目前企业普遍应用的只是数控程序编制，国内企业已经开始广泛使用华中数控系统、南京 SKY 系统、日本 FUNUC 系统、德国 SIEMENS 系统。而广义的 CAM 只有少数大型企业采用，中小企业极少应用。

3. 功能单一、经济效益不突出

CAD/CAM 技术在企业中的应用只是单元的智能技术应用，是从企业生产的几个侧面来提高效率。功能分散的 CAD/CAM 技术效果是有限的，只有将 CAD、CAPP、CAM、PDM 等技术集成在一起，综合应用在设计与制造生产的过程中，才能产生显著的经济效益。

二、CAD/CAM 技术的发展趋势

CAD/CAM 软件的功能将不断得到完善和优化，逐步实现 CAD/CAM 无缝整体化集成。具体体现在以下几方面。

1. CAD/CAM 技术应与多媒体技术更好的结合

CAD/CAM 技术应与多媒体技术更好的结合，增强使用的灵活性。未来的人机交互界面将会更加友善和方便，还可引入触摸式、声控式等各种操作方式，3D 扫描造型如图 1-19 所示。

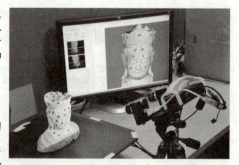

图 1-19

2. CAD/CAM 系统应具有高度的开放性

CAD/CAM 系统的开放性主要体现在系统的工作平台、用户接口、应用开发环境及与其他系统的信息交换等方面。现在市场上的 CAD/CAM 产品一般都会为用户提供二次开发环境，方便用户订制自己的 CAD/CAM 系统，具有较好的开放性。

3. CAD/CAM 系统应具备更好的集成性

集成就是向企业提供 CAD/CAM 一体化的解决方案，企业中各个环节不可分割，统一考虑。企业的整个生产过程实质上是信息的采集、传递和加工处理的过程。

4. CAD/CAM 系统应具备更强的智能性

智能化设计功能是未来 CAD/CAM 软件的一个重要标志。CAD/CAM 系统将包括专家系统、经验储存、智能库、推理规则和自动学习功能。软件开发要将产品设计加工过程直接与系统相结合，使用户轻松完成工作任务。

三、CAD/CAM 技术在企业中的应用前景

CAD/CAM 技术给企业带来了全面的、根本的变革，使传统的企业设计与制造发生了质的飞跃，在全国范围内受到普遍重视和广泛应用。企业要想进一步跟上时代步伐，CAD/CAM 必须要把握好正确的发展方向。

在 CAD/CAM 软件的选用上，坚持高、中、低并存。高档 CAD/CAM 软件实现了 CAD、CAE（计算机辅助工程分析）、CAPP（计算机辅助工艺过程设计）、CAM、PDM（产品数据管理）和 PPC（生产计划与控制）等技术的高度集成，能实现设计制造及生产管理的一体化。这类高档的 CAD/CAM 软件，典型的有 Pro/Engineer、CATIA 等国外开发的软件。中、低档 CAD/CAM 软件只具备部分功能，但是由于成本低、实用性强，易学易用，所以大部分企业都具备应用条件。

任务 5　了解常用 CAD/CAM 软件

一、国产软件

1. 中望 3D

国产中望于 2010 年 11 月宣布正式收购美国软件 VX，推出完全自主知识产权的中望 3D CAD/CAM 软件。通过本次收购，成功拥有 VX 的全部核心技术以及全球范围内的完整知识产权，并且成为全球范围内少数几家能为用户提供 CAD/CAM 一体化解决方案的厂商之一。

目前最新的中望 3D 2014 拥有从车削到五轴 CNC 加工功能，为客户提供完整高效的解决方案，并且可以根据需求灵活选择所需的功能模块，如图 1-20 所示。

图 1-20

项目1 认识CAD/CAM技术

1)车削

提供了高效的车削功能,界面简洁方便,功能强大,能够处理线框以及实体特征。默认参数自动优化,并自动选择合适类型的刀具。能够使用点定义待加工的特征,并具备过切检查功能。

2)二轴、三轴加工

中望3D具备强大的CAM功能。自动钻孔与二轴、三轴加工策略,自动识别零件中的孔、曲面等特征,并自动选择合适的刀具和加工工序完成整个部件的所有加工。生成的加工路径安全性更高,能够极大的提高公司的加工效率。

二轴、三轴里面的高速铣加工方式,能够加工任何曲面和实体模型,并且提供适合高速加工机床的流线加工路线。可以保证整个加工的平稳性,并提高零件表面的加工质量。

3)五轴加工

中望3D提供五轴联动的加工工序,支持点、线、面、体等各种刀轴控制方式,自动修正加工区域的最佳偏摆角度,并自动连接刀具路径,可以模拟仿真加工效果,保证整个加工的安全和高效。

2. SINOVATION

SINOVATION是华天软件在国家的支持下与国外优势企业合作的结晶。作为三维CAD/CAM一体化的应用软件系统,该软件具有最先进的混合型建模、参数化设计和特征建模功能。提供了经过业界验证的具有国际先进水平的CAM加工、冲压模具、注塑模具设计以及消失模设计加工、激光切割控制等专业技术;提供产品制造信息PMI及可以与PDM、CAPP、MPM等管理软件紧密集成的三维数模轻量化浏览器;支持各种主流CAD数据转换和用户深层次专业开发。特别适合汽车、汽车零部件、机床、通用机械、模具及工艺装备等行业的设计及加工应用,如图1-21所示。

图1-21

> **SINOVATION软件的CAM加工功能具有如下特点:**
> (1)提供向导式与浏览式两种操作方式,易于掌握、方便高效。
> (2)提供模型检查、预处理功能。
> (3)支持后台加工路径计算。
> (4)支持二轴、三轴、五轴固定数控钻铣加工,如图1-22(a)所示。
> (5)丰富的加工策略保证高精度的加工质量。
> (6)提供精确的加工负荷预测和强大的路径编辑功能。
> (7)自动创建符合用户需求的EXCEL加工指导书,如图1-22(b)所示。
> (8)提供加工技术库,支持客户丰富与规范加工资源。
> (9)提供通用后处理工具,便于用户自由定制,无损,如图1-22(c)所示。

任务 5　了解常用 CAD/CAM 软件

(a) 加工路径模拟切削

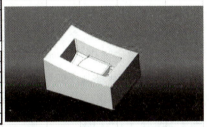

(b) 自动生成可定制的加工指导书

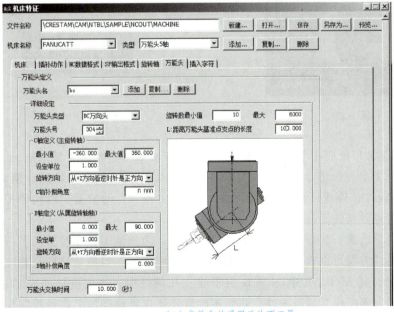

(c) 参数化的通用后处理工具

图 1-22

二、国外 CAD/CAM 软件

1. UG NX

Unigraphics(UG)是西门子 SIEMENS 公司开发的 CAD/CAE/CAM 一体化软件,如图 1-23 所示。广泛应用于航空航天、汽车、通用机械及模具等领域。国内外已有许多科研院所和厂家选择了 UG 作为企业的 CAD/CAM 系统。UG 可运行于 Windows NT 平台,无论装配图还是零件图设计,都从三维实体建模开始,可视化程度很高。三维实体生成后,可自动生成二维视图,如三视图、轴侧图、剖视图等。其三维 CAD 是参数化的,一个零件尺寸修改,可致使相关零件的变化。

该软件还具有人机交互方式下的有限元解算程序,可以进行应变、应力及位移分析。UG 的 CAM 模块提供了一种产生精确刀具路径的方法,该模块允许用户通过观察刀具运动来图形化地编辑刀轨,如延伸、修剪等,其所带的后处理程序支持多种数控机床。UG 具有多种图形文件接口,可用于复杂形体的建模设计,特别适合大型企业和研究所使用。

2. Pro/ENGINEER

Pro/ENGINEER(如图 1-24 所示)是美国参数技术公司(PTC)开发的 CAD/CAM 软件,自 1988 年问世以来,该软件不断发展和完善,目前已是世界上最为普及的 CAD/CAM/CAE 软件之一,基本上成为三维 CAD 的一个标准平台,在我国也有较多用户。

图 1-23

图 1-24

Pro/ENGINEER 广泛应用于电子、机械、模具、工业设计、汽车、航空航天、家电、玩具等行业,是一个全方位的 3D 产品开发软件。它集零件设计、产品装配、模具开发、NC 加工、钣金件设计、铸造件设计、建模设计、逆向工程、自动测量、机构模拟、压力分析、产品数据管理等功能于一体。

它采用面向对象的统一数据库和全参数化建模技术,为三维实体建模提供了一个优良的平台。其工业设计方案可以直接读取内部的零件和装配文件,当原始建模被修改后,具有自动更新的功能。其 MOLDESIGN 模块用于建立几何外形,产生模具的模芯和腔体,产生精加工零件和完善的模具装配文件。新版本的软件还提供最佳加工路径控制和智能化加工路径创建,允许 NC 编程人员控制整体的加工路径直到最细节的部分。该软件还支持高速加工和多轴加工,带有多种图形文件接口。

3. CATIA

CATIA(如图 1-25 所示)最早是由法国达索飞机公司研制的,目前属于 IBM 公司,是一个高档 CAD/CAM/CAE 系统,广泛用于航空、汽车等领域。它采用特征建模和参数化建模技术,允许自动指定或由用户指定参数化设计、几何或功能化约束的变量式设计。根据其提供的 3D 线架,用户可以精确地建立、修改与分析 3D 几何模型。其曲面建模功能包含了高级曲面设计和自由外形设计,用于处理

图 1-25

复杂的曲线和曲面定义,并有许多自动化功能,包括分析工具,加速了曲面设计过程。

CATIA 提供的装配设计模块可以建立并管理基于 3D 的零件和约束的机械装配件,自动地对零件间的连接进行定义,便于对运动机构进行早期分析,大大加速了装配件的设计,后续应用则可利用此模型进行进一步的设计、分析和制造。CATIA 具有一个 NC 工艺数据库,存有刀具、刀具组件、材料和切削状态等信息,可自动计算加工时间,并对刀具路径进行重放和验证,用户可通过图形化显示来检查和修改刀具轨迹。该软件的后处理程序支持铣床、车床和多轴加工。

4. MasterCAM 系统

MasterCAM(如图 1-26 所示)是美国专门从事 CNC 程序软件的专业化公司——CNC software INC 研制开发的,使用于微机 PC 级的 CAD/CAM。它是世界上装机量较多的 CNC 自动编程软件,一直是数控编程人员的首选软件之一。

MasterCAM 系统除了可自动产生 NC 程序外,本身亦具有较强的 CAD 绘图功能,既可直接在系统上通过绘制加工零件图,然后再转换成 NC 零件加工程序。也可将如同 CAD、CADKEY、Mi—CAD 等其他 CAD 绘图软件绘制好的零件图形,经

图 1-26

由一些标准或特定的转换档,像 DXF(Drawing Exchange File)档、CADL(CADKEY Advanced Design Language)档及 IGES(Initial Graphic Exchange Specification)档等,转换至 MasterCAM 系统内,再产生 NC 程序。还可用 BASIC、FORTRAN、PASCAL 或 C 语言设计,并经由 ASCⅡ 档转换至 MasterCAM 系统中。

MasterCAM 是一套使用性相当广泛的 CAD/CAM 系统,为适合于各种数控系统的机床加工,MasterCAM 系统本身提供了百余种后置处理 PST 程序。所谓 PST 程序,就是将通用的刀具轨迹文件 NCI(NC Intermediary)转换成特定的数控系统编程指令格式的 NC 程序。并且每个后置处理 PST 程序也可通过 EDIT 编辑方式修改,以适用于各种数控系统编程格式的要求。

由于价格便宜,MasterCAM 是一种应用广泛的中、低档 CAD/CAM 软件,V5.0 以上运行于 Windows 或 Windows NT。该软件三维建模功能稍差,但操作简便实用,容易

项目1　认识CAD/CAM技术

学习。新的加工选项使用户具有更大的灵活性，如多曲面径向切削和将刀具轨迹投影到数量不限的曲面上等功能。这个软件还包括新的C轴编程功能，可顺利将铣削和车削结合。其他功能，如直径和端面切削、自动C轴横向钻孔、自动切削与刀具平面设定等，有助于高效的零件生产。其后处理程序支持铣削、车削、线切割、激光加工以及多轴加工。

另外，MasterCAM提供多种图形文件接口，如SAT、IGES、VDA、DXF、CADL以及STL等。

复习思考

1-1. 数控加工通常有哪几个过程？
1-2. 数控机床硬件由哪几部分组成？
1-3. CNC装置通常由哪几部分组成？
1-4. 数控加工有哪些主要特点？
1-5. 数控加工相对于普通切削加工，能力强体现在哪些方面？
1-6. CAD/CAM系统有哪些基本功能？
1-7. CAD/CAM系统有哪些主要任务？
1-8. CAD/CAM技术在哪些方面有应用？
1-9. CAD/CAM技术一体化其优势体现在哪些方面？
1-10. 完成下列名词解释：
　　　（1）CAD　　　　　　（2）CAPP　　　　　　（3）CAM
　　　（4）CAD/CAM集成系统　（5）CAE
1-11. CAD技术的发展大体经历了哪四个阶段？
1-12. CAM技术的发展大体经历了哪四个阶段？
1-13. 目前工程化的CAD/CAM商品化软件系统中，较著名的有哪些？
1-14. 试述CAD/CAM技术在国内的应用现状。
1-15. 试述CAD/CAM技术的发展趋势。
1-16. 中望3D 2014CNC加工功能有哪些？
1-17. SINOVATION软件的CAM加工功能具有哪些功能？
1-18. MasterCAM系统由哪几个模块组成？它们的作用是什么？

项目 2

绘制轴套类零件工程图

章前导读

CAXA 数控车是北京数码大方科技股份有限公司在全新的数控加工平台上开发的数控车床加工编程和二维图形设计软件。CAXA 数控车基于微机平台,采用原创的 WINDOWS 菜单和交互方式,全中文界面,便于轻松地学习和操作。

CAXA 数控车具有 CAD 软件的强大绘图功能和完善的外部数据接口,可以绘制任意复杂的图形,可通过 DXF、IGES 等数据接口与其他系统交换数据。CAXA 数控车具有功能强大,使用简单的轨迹生成及通用后置处理功能。该软件提供了功能强大、使用简洁的轨迹生成手段,可按加工要求生成各种复杂图形的加工轨迹。通用的后置处理模块使 CAXA 数控车可以满足各种机床的代码格式,可输出 G 代码,并可对生成的代码进行校验及加工仿真。

本项目以定位销、手柄、轴套等工程图的绘制任务,介绍 CAXA 数控车 2016 功能及软件操作。

任务 1　认识 CAXA 数控车 2016

本任务以绘制一球曲面,并调节其显示方式为例,介绍 CAXA 数控车 2016 软件的操作,以熟悉 CAXA 数控车 2016 的功能特点、使用界面等基础知识,能对软件的运行环境进行初步的设置,完成曲面球的绘制及显示方式调整。

🔧 1. 软件的启动

常用启动方法如下。

项目 2　绘制轴套类零件工程图

1）快捷图标

双击桌面上图标即可启动程序，如图 2-1 所示。

2）开始菜单

通过选择【开始】→所有程序→CAXA→CAXA 数控车 2016→CAXA 数控车 2016，即可启动程序。

图 2-1

2. 软件界面介绍

CAXA 数控车 2016 软件界面如图 2-2 所示。

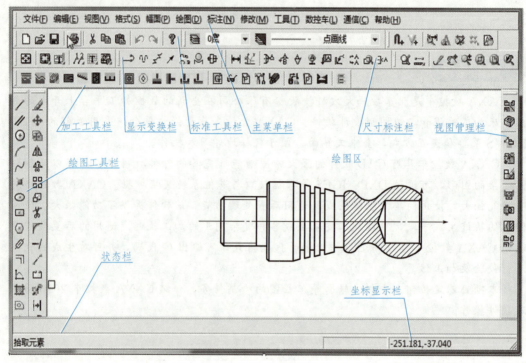

图 2-2

1）标题栏

CAXA 数控车 2016 显示界面的顶部是标题栏，它显示了软件的名称、当前打开的路径及文件名，其右侧是标准 Window 应用程序的 3 个控制按钮，包括最小化、最大化及窗口关闭。

2）主菜单栏

主菜单提供了 CAXA 数控车 2016 所有命令，其命令结构为树状，例如：当点击"数控车"命令子菜单时，会弹出"轮廓粗车、车螺纹、代码生成"等子菜单，点击其菜单，又会弹出"参数表"等参数设置。

3）工具栏

工具栏将 CAXA 数控车 2016 常用命令以图标的形式显示在绘图区周围，其包括"标准工具栏""显示变换栏""图层工具栏""加工工具栏"等。工具栏中每一个图标表示一个命令，通过点击图标，可以激活该命令条，作用同主菜单中命令。

4）绘图区

绘图区是最为常用的区域，是显示设计图形的区域。用户从外部导入的图形或用该软件绘制的图形都会显示在该区域。其位于屏幕中心，并占据了屏幕大部分面积，为显示全图提供充分的视区。中央设置了一个二维直角坐标，为世界坐标，原点为（0.0000,0.0000），是用户操作过程中的基准。

5）绘图工具栏

绘图工具栏提供绘图中所需要的"直线、圆弧、曲线、偏移"等一系列的绘图工具，来实现图形的绘制及位移等功能。

6）状态栏

状态栏位于软件最下方，提供命令响应信息，尤其初学者应随时关注该区域的提示，有时需要利用键盘输入一些相关的数据。

7）立即菜单

立即菜单描述了某些命令执行的各种情况或使用提示。根据当前的作图要求，正确地选择某一选项，即可得到准确的响应。如图2-2中立即菜单内容即为绘制直线时的立即菜单。

8）视图管理栏

视图管理栏是将图形进行"分解、剖视"等生成其他视图的工具栏。

3. 软件的退出

当需要退出系统时，常用以下3种方法。

(1)在主菜单上选择"文件(F)"→"退出(X)"命令。

(2)单击 CAXA 数控车窗口右上角的按钮。

(3)使用组合键 Alt+X。

此时系统会弹出一个对话框，要求再次确认是否退出系统。单击"是(Y)"按钮，保存并退出系统；单击"否(N)"按钮，不保存，退出系统；单击"取消"按钮则返回到软件当前状态，如图2-3所示。

图 2-3

4. 常用键含义

1）鼠标键

(1)左键：激活菜单、确定位置点、拾取元素等，本文所说点击，都指点击该键。

(2)右键：确认拾取、结束操作、终止当前命令等，右击即点击该键。

(3)滚轮：放大、缩小图形、拖动、翻转图形等。

2）回车键

在系统要求输入点时，按该键可激活一个坐标输入条，供输入数据用。还具有以下功能：

(1)确认选中的命令。

(2)结束数据输入或确认缺省值。

(3)重复执行上一个命令。

3）空格键

(1)当要求输入点时，按空格键可激活"点工具"菜单，如图2-4所示。

项目 2　绘制轴套类零件工程图

(2) 当进行多元素删除操作中，提示拾取元素时，按空格键可激活"选择集拾取工具"菜单，如图 2-5 所示。

(3) 在一些操作(如生成刀具轨迹要求拾取轮廓或偏移等)中，系统要求拾取元素时，按空格键可取消当前操作。

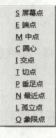

图 2-4　　　　　　　　　　　　　　图 2-5

5. 坐标输入及目标点捕捉

1) 坐标输入

绘图区中央是原点为(0，0)的坐标系，分别对应 x、z 坐标值，绘图过程中，绘图区域中由两条带箭头的线段的交点为原点坐标，箭头向上的为 x 坐标值(半径值)，箭头向右的为 z 坐标值(长度值)，箭头方向为正方向。当要求输入点时，可直接按数字键输入相应坐标值。如绘制图 2-6 直线时，可直接点击坐标原点，然后输入相应数值，而鼠标为直线所绘制方向如图 2-7 所示。

图 2-6　　　　　　　　　　　　　　图 2-7

2) 点目标捕捉

在绘制各类图线时，需要精确地确定相对位置，如绘制图 2-7 直线过程中，当鼠标靠近坐标原点时，会在原点上出现蓝色小空心圆，即 CAXA 数控车已经捕捉到原点这个目标，但仍需点击确认。

绘制图线输入或点选点目标时，按下空格键会弹出图 2-4 所示菜单，默认为缺省，即该菜单上所有点都可以捕捉，如选中"C 圆心"，则接下来的点选将只捕捉圆心。

6. CAXA 数控车快捷键

利用快捷键配合鼠标使用能有效提高绘图效率，比一般纯鼠标绘图提高 50% 以上甚至更高，专业人员都是"左手键"加"右手鼠"的组合。

CAXA 数控车 2016 提供了快捷键，用于某些命令的调用，提高工作效率。也可根据需要对部分快捷键进行定义。

1)系统默认快捷键

系统默认常用快捷键如表 2-1 所示。

表 2-1　系统默认常用快捷键

默认快捷键	作　　用	默认快捷键	作　　用
F2	拖画时切换动态拖动值和坐标值	A	圆弧
F3	显示全部	S	样条
F4	指定点作为参考点。用于相对坐标点的输入	L	直线
F5	当前坐标系切换开关	P	平行线
		O	点
F6	点捕捉方式切换开关，它的功能是进行捕捉方式的切换	E	椭圆
		C	圆
F7	三视图导航开关	T	文字
		F	等距线
F8	正交与非正交切换开关	Ctrl+C	复制
F9	全屏显示和窗口显示	Ctrl+V	粘贴
按住滚轮	任意旋转	Space	在特定情况下可以弹出快捷菜单
Shift+按住滚轮	任意拖动		
滚动滚轮	任意缩放	鼠标右键	确认或取消

举例说明，若要绘制一个整圆，可以点击"C（快捷键）"→Enter（回车键）→左键（选择圆心位置）→20（输入直径大小）→回车（确定）即可。

2)用户自定义快捷键

点击菜单选项"设置→自定义→键盘命令"，选择目录"绘图"指定的命令功能如图 2-8 所示，然后在"请按新快捷键(N)"下框内输入你想要设定的快捷键，如果已经被其他命令功能所指定，则会弹出提示窗口如图 2-9 所示，如果不冲突，则右方"指定"按键会被激活，点击"指定"即可。如图 2-10 所示。

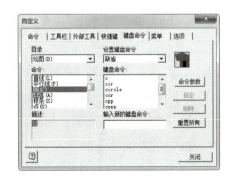

图 2-8

项目 2　绘制轴套类零件工程图

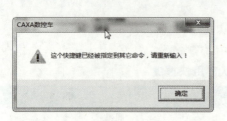
图 2-9

图 2-10

在用户自定义快捷键的时候，应避免与系统默认快捷键冲突，然后根据个人左手习惯和偏好来设定。

此外，使用右手鼠标快捷选取功能时，从左往右框选为绝对选取，即只能选中完全被框住的对象，若对象有部分元素在选定框外则为不选取该对象，从右往左框选为非绝对选取，即只要框线粘到的元素就会全被选中，即使对象部分元素在选定框外也会被选取。

任务实施

利用上述基础知识，完成以下任务。

（1）依次点击菜单：文件(F) → 新建(N)　Ctrl+N，新建一个文档。

（2）依次点击菜单：文件(F) → 保存(S)　Ctrl+S，以"任务 2-1.1xe"为文件名，保存至 D 盘根目录下"CAXA 数控车"文件夹内。

（3）点击 工具(T) → 选项(L)，弹出图 2-11 所示对话框，点击"颜色设置"→在修改当前绘图选项，选"使用下拉箭头"选择颜色为白色后点击确定，即将背景色改为白色。

（4）点击 格式(S) → 层控制(A)...，弹出的图层管理对话框，使用默认当前图层，如图 2-12 所示。

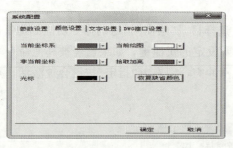
图 2-11

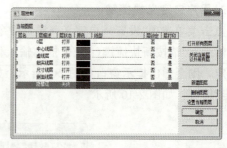
图 2-12

（5）点击"绘图工具栏"中 ╱（直线）按钮，以坐标原点为起点，画任意水平线。

在点击坐标原点后，再点击左下任务菜单中"非正交"选项，使之变成"正交"，其次直接输入数值 15，点击回车键，最后右击结束直线绘制，如图 2-13 所示。

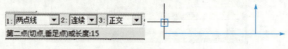
图 2-13

(6) 点击"绘图工具栏"中 ⊕(圆)按钮，以直线末端起点→左键点击直接输入直径30→回车键，结束该直接绘图命令，如图 2-14 所示。

(7) 点击"绘图工具栏"中 ╱(直线)按钮，以线段15长的终点为起点，水平线方向→画长度15的直线与圆得到交点→向左画20长平行于水平线的一条直线→向下画15长垂直于水平线的一条直线→向左连接圆心绘制直线→右键，结束该命令，得到如图 2-15 所示图形。

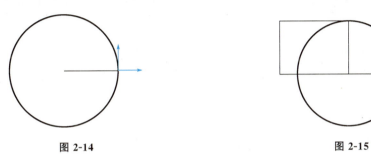

图 2-14　　　　　　　　　　　图 2-15

(8) 修改该图形。点击"绘图工具栏"中 ✂(裁剪)按钮，将两条延长线裁剪，将鼠标箭头移动到不需要的线段上点击左键即可裁剪，再使用"Delete"键删除水平线线段，在图层管理中选择"中心线层"在(0，0)中心处向左画中心线，并与最左端相交，最后两段将其延长约3～5 mm，如图 2-16 所示。

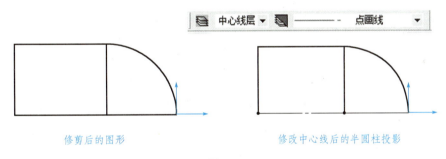

修剪后的图形　　　　　　　修改中心线后的半圆柱投影

图 2-16

(9) 镜像。点击"绘图工具栏"的 ⚞(镜像)按钮，左键点击选中图形轮廓→右键→再选中镜像所需要的轴线"中心线"，得到完整轴类零件的投影图，如图 2-17 所示。

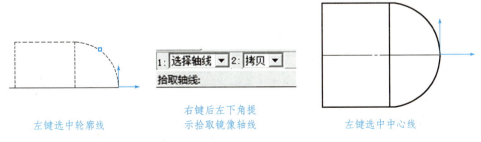

左键选中轮廓线　　　右键后左下角提示拾取镜像轴线　　　左键选中中心线

图 2-17

项目 2 绘制轴套类零件工程图

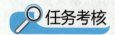

表 2-2 任务实施评价表

姓名：_____ 班级：_____

序号	检测内容与要求	分值	学生自评（25%）	小组互评（25%）	教师评价（50%）
1	学习态度	5			
2	安全、规范、文明操作	5			
3	新建文件任务 2-1.lxe，并存到指定目录	10			
4	设置背景色	10			
5	设置当前层颜色	10			
6	绘制长度 15 的水平线	10			
7	绘制 φ30 圆	10			
8	绘制长 20 宽 15 的矩形	10			
9	延长水平线	10			
10	裁剪修改多余的线段或圆弧修改中心线并延长	10			
11	镜像获得完整投影图形	10			
总 分		100	合计：		
问题记录和解决办法	记录任务实施中出现的问题和采取的解决方法				

任务 2 绘制定位销

本次任务主要是学习用 CAXA 数控车绘制直线、圆、倒角、修剪、等距、镜像等命令绘制如图 2-18 所示定位销。

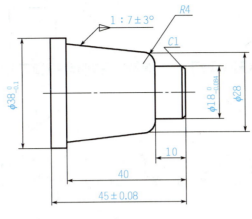

图 2-18

相关知识

1. 直线的绘制

位于绘图工具栏直线命令。

CAXA 制造工程师提供了 5 种直线的绘制方式，依次是两点线、角度线、角等分线、切线/法线、等分线。不同直线类型，其下面对应的选项也会有所不同，如图 2-19 所示。

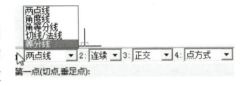

图 2-19

1) 两点线

按给定两点绘制一条直线段，或给定的连续条件绘制连续的直线段，如图 2-20(a)所示。

2) 角度线

绘制与坐标轴或一条直线成一定夹角的直线，如图 2-20(b)所示。

3) 角等分线

按给定等分数、给定长度绘制直线，将一个角等分，如图 2-20(c)所示。

4) 切线/法线

经过给定点作已知曲线的切线或法线，如图 2-20(d)所示。

5) 等分线

按给定距离或通过给定点绘制与已知线段平行且长度相等的单向或双向平行线段，如图 2-20(e)所示。

2. 圆的绘制

位于曲线生成栏圆命令 ⊕。

CAXA 数控车提供了"圆心＿半径"、"三点"、"两点＿半径"三种方式。

1) 圆心＿半径

已知圆心和半径绘制圆，如图 2-21(a)所示。

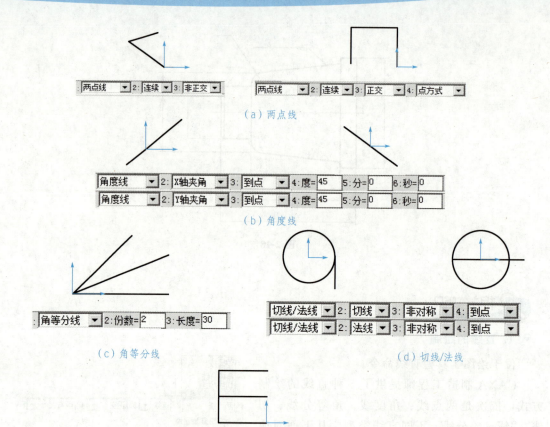

(a) 两点线

(b) 角度线

(c) 角等分线

(d) 切线/法线

(e) 等分线

图 2-20

2) 三点

经过已知的三点绘制圆,如图 2-21(b)所示。

3) 两点 _ 半径

已知圆上的两点和半径绘制圆,如图 2-21(c)所示。

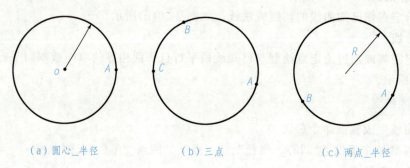

(a) 圆心_半径　　　　(b) 三点　　　　(c) 两点_半径

图 2-21

3. 平面旋转

位于几何变换栏平面旋转命令 ![icon]。

对拾取到的曲线或面进行同一平面上的旋转或拷贝。

平面旋转有拷贝和旋转两种方式。拷贝方式除了可以指定角度外，还可以指定拷贝份数。

4. 曲线裁剪

位于绘图工具栏裁剪命令 ![icon]。

使用剪刀，裁掉绘图区中不需要的部分。即利用一个或多个几何元素对给定曲线进行修整，删除不需要的部分，得到新的曲线。

裁剪共有三种方式：快速裁剪、拾取边界、批量裁剪。

（1）快速裁剪：系统对曲线修剪具有"指哪裁哪"的快速反应。

（2）拾取边界：选中所需要的曲线后，修去选中曲线不需要的部分。

（3）批量裁剪：选取所需要裁剪的所有曲线，根据需要裁剪掉曲线的方向，删除所对应方向所有选中的曲线。

5. 曲线过渡

位于绘图工具栏过渡命令 ![icon]。

曲线过渡对指定的两条曲线进行圆弧过渡、尖角过渡或对两条直线倒角。

对尖角、倒角及圆弧过渡中需裁剪的情形，拾取的段均是需保留段。如图2-22所示。

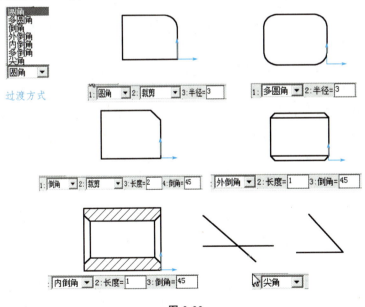

图 2-22

6. 等距线的绘制

位于绘图工具栏等距线命令 ![icon]。

绘制给定曲线的等距线（偏移线），用鼠标单击带方向的箭头可以确定等距线位置。

项目 2　绘制轴套类零件工程图

点击绘图工具栏等距线命令 →输入偏移的距离→选中所需要偏移线段→向需要的方向鼠标左键点击。如图 2-23 所示。

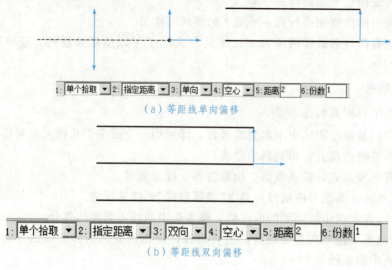

（a）等距线单向偏移

（b）等距线双向偏移

图 2-23

 **任务实施**

操作步骤为：

（1）启动 CAXA 数控车 2016，以"任务 2-2.1xe"为文件名，保存至 D 盘根目录下"CAXA 数控车"文件夹内。

（2）选择 XZ 坐标零点。以绘图区中红色射线显示坐标系，末端为零点(0，0)，箭头向上的为 x 坐标值(半径值)，箭头向右的为 z 坐标值(长度值)，箭头方向为正方向。

（3）绘制长度 50 的水平线。根据零件图的最大长度要求来指定本次绘制的水平线长度并且延长 3～5 mm。

点击绘图工具栏直线命令 ，以坐标原点为直线段右端，在立即菜单中选择"两点线"→"单个"→"正交"→"长度方式"→"长度：50"，在绘图区向水平左侧，如图 2-24 所示。

（4）绘制直线右端长度 19 的半径值。在 CAXA 数控车 2016 中，绘制轴类零件直径方向时所绘制直线为半径，长度为半径值，如图 2-25 所示。

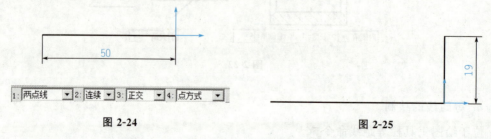

图 2-24　　　　　　　　　　　图 2-25

（5）绘图工具栏等距线 。根据步骤(3)、(4)所绘制的两段直线为基准线，向上使用等距线来把零件图形的框架搭建外径，向左搭建长度。如图 2-26 所示。

(6) 裁剪多余直线段。点击绘图工具栏裁剪命令，在左下角选择快速裁剪，鼠标左键点击不需要的直线段，如图 2-27 所示。

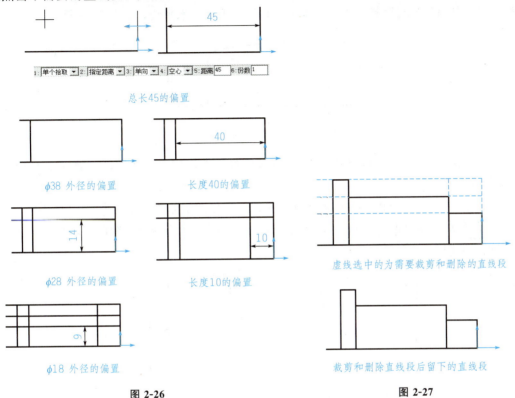

图 2-26　　　　　　　　　　　图 2-27

(7) 锥度的绘制。图 2-28 为 CAXA 数控车 2016 角度坐标系，逆时针为正方向；顺时针为负方向。根据任务零件图所得锥度 1∶7 角度计算出度数为 5.83°，方向在 270°~0°之间，所以在绘制过程中设置为"－5.83°"。点击绘图工具栏直线命令，根据状态栏提示，点击角度线，根据计算出的锥度 1∶7 的角度并按照直径绘制方法去 1/2 的角度值来绘制锥度线段，以锥度右端为零点绘制，如图 2-29 所示。

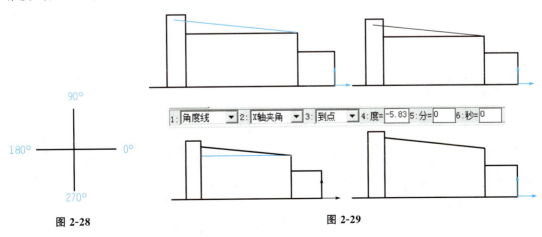

图 2-28　　　　　　　　　　　图 2-29

(8)倒圆、倒角。点击绘图工具栏过渡命令 ，根据状态栏提示，分别点击两直线，右键确认，过渡方式为"圆角"→"半径：4"→"裁剪曲线 1"→"裁剪曲线 2"，根据状态栏提示，分别点击两直线，右键确认；过渡方式为"倒角"→"长度：1"→"裁剪曲线 1"→"裁剪曲线 2"→以倒角末端绘制 直线与水平线相接并垂直与水平线，如图 2-30 所示。

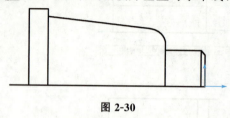

图 2-30

(9)镜像、中心线。点击绘图工具栏的 镜像，选中所有轮廓线→右键→以水平线为基准线→左键。

左键点击水平线→按 Delete 键删除水平线→根据图层修改下拉箭头改为"中心线层"→以 X，Z 零点为起点向左绘制长度 48 的中心线→左键点击右端中心线向右延长 2 mm→左键确定，如图 2-31 所示。

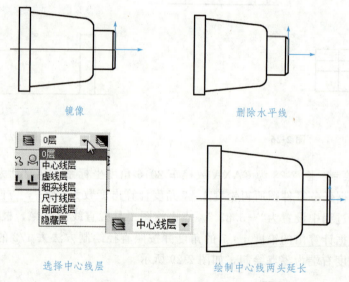

图 2-31

任务考核

表 2-3 任务实施评价表

姓名：_____   班级：_____

序号	检测内容与要求	分值	学生自评（25%）	小组互评（25%）	教师评价（50%）
1	学习态度	5			

续表

序号	检测内容与要求	分值	学生自评（25%）	小组互评（25%）	教师评价（50%）
2	安全、规范、文明操作	5			
3	新建文件任务 2-2.lxe，并存到指定目录	10			
4	选择 XZ 坐标系零点	5			
5	绘制长度 50 的辅助线	10			
6	画直线左端 19 的长度	5			
7	等距 40、10、14、9、19 五个长度	20			
8	裁剪多余线段	15			
9	锥度的绘制	5			
10	倒圆、倒角	10			
11	镜像、中心线	10			
	总　　分	100	合计：		
问题记录和解决办法	记录任务实施中出现的问题和采取的解决方法				

任务 3　绘制手柄

任务引入

本次任务主要是学习用 CAXA 数控车圆弧及尺寸标注等命令绘制图 2-32 所示手柄。

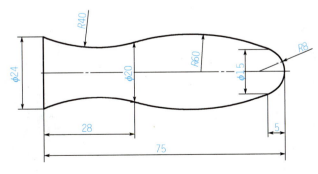

图 2-32

相关知识

1. 圆弧的绘制

位于绘图工具栏圆弧命令。

CAXA 数控车圆弧功能提供了六种方式：三点圆弧、圆心_起点_圆心角、圆心_半径_起终角、两点_半径、起点_终点_圆心角和起点_半径_起终角。

1）三点圆弧

过三点画圆弧，其中第一点为起点，第三点为终点，第二点决定圆弧的位置和方向。

2）圆心_起点_圆心角

已知圆心、起点及圆心角或终点画圆弧。

3）圆心_半径_起终角

由圆心、半径和起终角画圆弧。

4）两点_半径

已知两点及圆弧半径画圆弧。

5）起点_终点_圆心角

已知起点、终点和圆心角画圆弧。

6）起点_半径_起终角

由起点、半径和起终角画圆弧。

2. 尺寸标注及标注方式

1）尺寸标注

位于尺寸标注栏尺寸标注命令。

对所绘制的图形标注尺寸，如图 2-33 所示。

2）标注方式

位于尺寸标注栏尺寸标注命令。

尺寸的标注有十种方式，如图 2-34 所示。常用的方式有基本标注、基准标注，如图 2-35 所示。

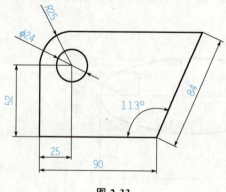

图 2-33

图 2-34

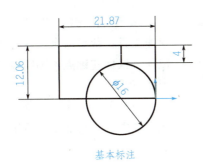
基本标注

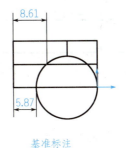
基准标注

图 2-35

基本标注：包括直线标注和直径标注，左键点击需要标注的直线或圆显示尺寸标注，即整线段长度或直径标注。

基准标注：相对于的两点之间的距离标注，即非整线段长度标注。

任务实施

（1）启动 CAXA 数控车 2016，以"任务 2-3.lxe"为文件名，保存至 D 盘根目录下"CAXA 数控车"文件夹内。

（2）选择 XZ 坐标零点。以绘图区中红色射线显示坐标系，末端为零点(0，0)，箭头向上的为 x 坐标值(半径值)，箭头向右的为 z 坐标值(长度值)，箭头方向为正方向。

（3）绘制水平基准线。根据零件图的最大长度要求来指定本次绘制的水平线长度并且延长 3～5 mm。

（4）直径基准线与等距偏移。绘制 12(ϕ24)的直线及以长度 12 的直线为基准等距偏移 8、5、7.5(ϕ15)、10(ϕ20)、75 的直线来定位对应圆弧的基点，最后以长度 75 偏移出的直线为基准向右偏移 28 得到 R60 与 R40 的切点。

点击"绘图工具栏"中画直线命令 和等距命令 ，绘制如图 2-36 所示标记出了圆的中心和圆弧的切点位置，相对于 R8 与 R60 的交点需要继续绘制圆后才能得出。

图 2-36

（5）绘制圆。点击圆命令 ，绘图方式为"圆心、半径"，点击 R8 圆心位置并输入半径值 8，回车确定，得到 R8 与 R60 的交点，如图 2-37 所示。

点击绘图工具栏圆弧命令 ，绘图方式为"两点_半径"，点击圆弧的起点与终点，选择圆弧方向，输入 30，回车，得如图 2-38 所示。

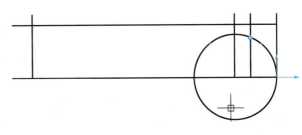

图 2-37

项目2 绘制轴套类零件工程图

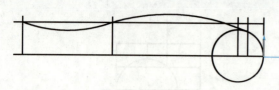

图 2-38

(6)绘制圆弧。(7)裁剪与删除。点击绘图工具栏裁剪命令，在左下角选择快速裁剪，鼠标左键点击不需要的直线段，如图2-39所示。

(8)镜像。点击绘图工具栏的 镜像，选中所有轮廓线→右键→以水平线为基准线→左键。如图2-40所示。

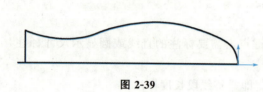

图 2-39

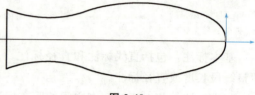

图 2-40

(9)标注尺寸。点击曲线生成栏尺寸标注命令，参照图2-32进行尺寸标注，得到完整零件图。

强调：在CAXA数控车中标准尺主要用于绘制图形时确定是否正确，并非符合于标准要求。

任务考核

表 2-4 任务实施评价表

姓名：_____　　　　　　　　　　　　　　　　　　班级：_____

序号	检测内容与要求	分值	学生自评（25%）	小组互评（25%）	教师评价（50%）
1	学习态度	5			
2	安全、规范、文明操作	5			
3	新建文件任务 2-3.lxe，并存到指定目录	10			
4	选择 XZ 坐标系零点	5			
5	绘制水平基准线	5			
6	直径基准线与等距偏移	20			
7	绘制圆	5			
8	绘制圆弧	20			
9	裁剪与删除	5			
10	镜像	10			
11	标注尺寸	10			
总分		100			
				合计：	
问题记录和解决办法	记录任务实施中出现的问题和采取的解决方法				

任务 4　绘制轴套

任务引入

本次任务主要是学习用 CAXA 数控车椭圆及剖面线等命令绘制如图 2-41 所示轴套。

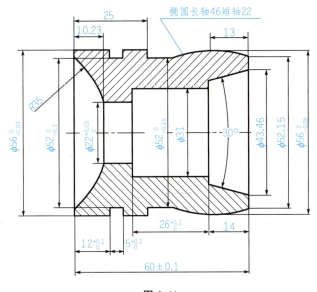

图 2-41

相关知识

1. 椭圆的绘制

位于绘图工具栏椭圆命令 ◯。

CAXA 数控车椭圆功能提供了三种方式：给定长短轴、轴上两点、中心点_起点，如图 2-42 所示。

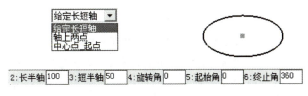

图 2-42

项目2　绘制轴套类零件工程图

1）给定长短轴

已知椭圆的两轴长度，再根据圆心来绘制椭圆（半轴）。

2）轴上两点

由轴上的两点来确定椭圆中单根轴线的长度，给定其另一根轴的长度（全轴）。

3）中心点_起点

由椭圆中心与起点为基准确定其一轴长度，再给定其另一根轴的长度（全轴）。

2. 剖面线

位于绘图工具栏剖面线命令 ▦。

对所绘制的图形完成后在剖切面打上剖面线，如图2-43所示。

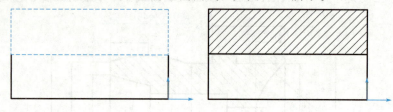

图2-43

点击绘图工具栏剖面线命令 ▦ →选中所需要打剖面线的密封轮廓→鼠标右键。

任务实施

（1）启动CAXA数控车2016，以"任务2-4.lxe"为文件名，保存至D盘根目录下"CAXA数控车"文件夹内。

（2）选择XZ坐标零点。以绘图区中红色射线显示坐标系，末端为零点（0，0），箭头向上的为 x 坐标值（半径值），箭头向右的为 z 坐标值（长度值），箭头方向为正方向。

（3）绘制水平基准线、直径基准线。根据零件图的最大长度要求来指定本次绘制的水平线长度并且延长3～5 mm，绘制28（φ56）的直线。

（4）等距偏移与裁剪。根据图2-41所示，图形分外形及内孔，所以在等距偏移时分部进行，首先偏移外形，如图2-44所示，完成后进行裁剪，避免与后期进行干涉错乱。

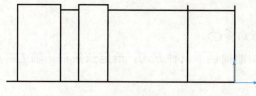

图2-44

（5）绘制椭圆。首先要确定椭圆的圆心位置，如图2-41所示，已知椭圆圆心在零件图上给定了 Z 方向的定位，没有给出其 X 方向的定位，需要通过计算获得，然而图中给出了椭圆最高点的直径大小，根据其半轴长度即可得出椭圆圆心在 X 方向的定位值。

计算方法：{28（φ56）−11（短轴22）=17}所以需要以水平线为基准向上偏移距离为17的水平线与其给定 Z 方向定位线形成交点，而这交点就是椭圆圆心点。如图2-45所示。

点击位于绘图工具栏椭圆命令 →给定长短轴方式→输入长短半轴值→点击圆心→鼠标右键取消绘图命令，如图 2-46 所示。

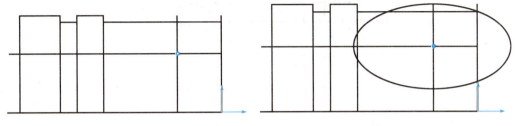

图 2-45　　　　　　　　　　　图 2-46

(6)裁剪。点击绘图工具栏裁剪命令 ，在左下角选择快速裁剪，鼠标左键点击不需要的直线段，如图 2-47 所示。

(7)等距与裁剪。再次使用等距偏移来将内孔的图形搭建起来。如图 2-48 所示，并裁剪删除不需要的线段。

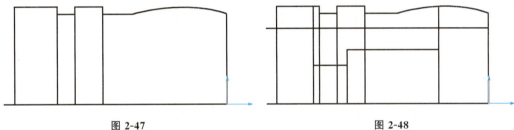

图 2-47　　　　　　　　　　　图 2-48

(8)绘制角度线、R35 圆弧。R35 圆弧起点是已知点，但是终点却没有给出，需要运用辅助绘制方法。

先在圆弧的终点绘制半径为 35 的圆→圆与中心线得到交点找到圆弧的圆心→再绘制其半径 35 的圆→最后裁剪得到圆弧，如图 2-49 所示。

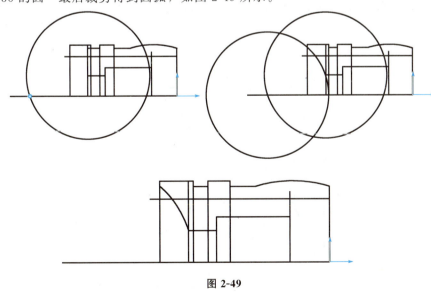

图 2-49

再次绘制角度线：点击绘图工具栏直线命令 ╱ →设置角度→以锥度右端为零点鼠标左键点击→鼠标向左拉长相交于左端直线→裁剪延长出的线段，如图2-50所示。

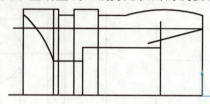

图2-50

（9）裁剪。裁剪删除不需要的线段，得到完整图形，如图2-51所示。在镜像与打剖面线前还有多余线段，这些线段为外形所产生，而在全剖件可以得知外形线段是不出现在图纸中的，所以需要删除后再打剖面线，如图2-52所示。

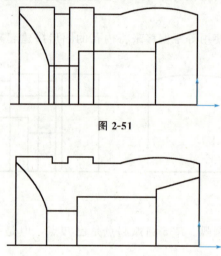

图2-51

图2-52

（10）镜像、剖面线。点击绘图工具栏剖面线命令 ▦ →选中所需要打剖面线的密封轮廓→鼠标右键。

点击绘图工具栏的 ▲ 镜像，选中所有轮廓线→右键→以水平线为基准线→左键，如图2-53所示。

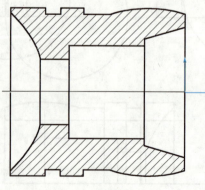

图2-53

任务考核

表 2-5　任务实施评价表

姓名：_____　　　　　　　　　　　　　　班级：_____

序号	检测内容与要求	分值	学生自评（25%）	小组互评（25%）	教师评价（50%）
1	学习态度	5			
2	安全、规范、文明操作	5			
3	新建文件任务 2-4.lxe，并存到指定目录	10			
4	选择 XZ 坐标系零点	5			
5	绘制水平基准线、直径基准	5			
6	等距偏移与裁剪	15			
7	绘制椭圆	15			
8	绘制圆弧	15			
9	裁剪与删除	5			
10	镜像	10			
11	打剖面线	10			
总　分		100	合计：		
问题记录和解决办法	记录任务实施中出现的问题和采取的解决方法				

复习思考

2-1．CAXA 数控车 2016 文件能另存为哪些格式？

2-2．在 CAXA 数控车中，鼠标滚轮有哪些用处？

2-3．有哪些方法可以选取对象？

2-4．主菜单"文件——并入文件"命令，能导入哪些格式的外部文件？

2-5．如何延长线段？

2-6．裁剪过程中，断开的多余线段怎样去除？

2-7．复制图形可采取哪些方法？

2-8．绘制图形还有哪些方法？

2-9．CAXA 数控车 2016 中圆弧有哪些绘制方法？

2-10．等距线有哪两种方式？试述变等距线操作步骤。

2-11．CAXA 数控车 2016 中如何使用其他方法绘制椭圆？

2-12．圆弧坐标点如何计算？试述其计算步骤。

项目 3

典型零件数控车仿真加工

章前导读

　　CAXA 数控车是由北京数码大方科技股份有限公司开发出的全中文、面向数控车床的 CAM 软件。CAXA 数控车基于微机平台,采用 WINDOWS 菜单和交互方式,全中文界面,便于轻松的学习和操作。

　　CAXA 数控车具有 CAD 软件的强大绘图功能和完善的外部数据接口,可以绘制任意复杂的图形,可通过 DXF、IGES 等数据接口与其他系统交换数据。CAXA 数控车具有功能强大、使用简单的轨迹生成及通用后置处理功能。该软件提供了功能强大、使用简洁的轨迹生成手段,可按加工要求生成各种复杂图形的加工轨迹。通用的后置处理模块使 CAXA 数控车可以满足各种机床的代码格式,可输出 G 代码,并可对生成的代码进行校验及加工仿真。CAXA 数控车为二维绘图及数控车加工工作提供了一个很好的解决方案,将 CAXA 数控车同 CAXA 专业设计软件与 CAXA 专业制造软件结合起来将会全面地满足任何 CAD/CAM 需求。

任务 1　绘制台阶轴与仿真加工

　　本任务以绘制台阶轴,并进行后置处理生成加工程序为例,介绍 CAXA 数控车 2016 软件的绘图、程序生成操作,以熟悉 CAXA 数控车 2016 的功能特点、使用界面等基础知识,能对软件的运行环境进行初步的设置,完成台阶轴的绘图及机床后置设置和程序生成。

任务1 绘制台阶轴与仿真加工

🔍 相关知识

1. 轮廓粗车

在加工工具栏点击 ▦ ，或者在菜单栏点击 数控车(L)，然后在下拉菜单中选择 ▦ 轮廓粗车(R) 进入轮廓粗车功能。

2. 轮廓精车

在加工工具栏点击 ▦ ，或者在菜单栏点击 数控车(L)，然后在下拉菜单中选择 ▦ 轮廓精车(F) 进入轮廓精车功能。

🔧 任务实施

绘制如图3-1所示，台阶轴的外轮廓及毛坯轮廓，并进行后置处理，生成加工程序。毛坯直径为 $\phi30$。

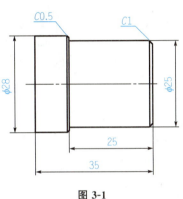

图 3-1

1. 绘制图形

具体步骤和方法如下：

(1) 绘图工具栏点击 ╱ 命令，选择如图所示的数据 `1:两点线 2:连续 3:正交 4:长度方式 5:长度=12.5`，沿原点向 X 轴正方向绘制出工件右端面，长度 12.5 mm，如图 3-2 所示。

然后沿 Z 轴负方向绘制 $\phi25$ 外圆，长度 25 mm，如图 3-3 所示。

图 3-2   图 3-3

沿 X 轴正方向绘制 $\phi28$ 外圆的台阶，长度 1.5 mm，如图 3-4 所示。
继续沿 Z 轴负方向绘制 $\phi28$ 外圆，长度 10 mm，如图 3-5 所示。

图 3-4   图 3-5

沿 X 轴负方向绘制 $\phi28$ 外圆的左端面，长度 14 mm，如图 3-6 所示。
沿 Z 轴正方向绘制直线，长度 35 mm，封闭图形，如图 3-7 所示。

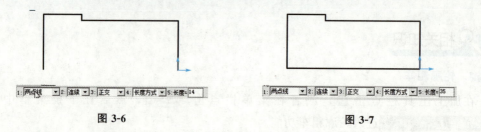

图 3-6　　　　　　　　　　　　图 3-7

(2) 编辑工具栏点击 ⌐ 过渡命令，选择如图 3-8 所示的倒角，数据参考图 3-8。然后选择需要倒角的两条边进行 C1 倒角，如图 3-9。同样对 C0.5 进行倒角操作，如图 3-10。

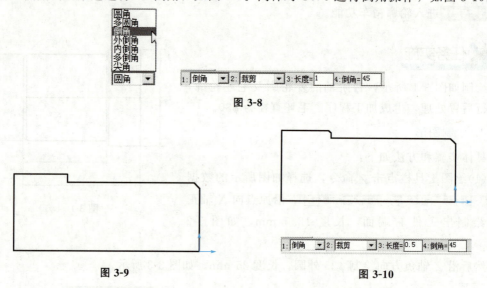

图 3-8

图 3-9　　　　　　　　　　　　图 3-10

(3) 绘制毛坯轮廓，绘图工具栏点击 ╱ 命令，由于毛坯直径为 $\phi 30$，因此我们从右端倒角起点往 X 正方向绘制长度为 3.5 mm 的直线即可，如图 3-11 所示。

然后往 −Z 方向绘制长度为 35 mm 的直线，如图 3-12 所示。

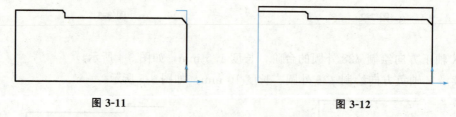

图 3-11　　　　　　　　　　　　图 3-12

最后往 −X 方向绘制长度为 1 mm 的直线，封闭轮廓，如图 3-13 所示。

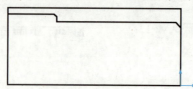

图 3-13

任务1 绘制台阶轴与仿真加工

2. 加工零件

具体步骤如下：

1) 粗车

(1) 点击数控车加工工具栏 命令，或者点击主菜单 数控车(L) 选择 轮廓粗车(R) 选项，进入粗车参数表进行设置。选中"加工参数"标签，按照图3-14进行设置。

(2) 选中"进退刀方式"标签，按照图3-15进行设置。

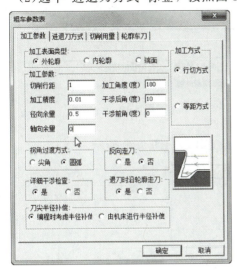

图 3-14

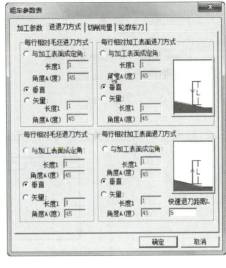

图 3-15

(3) 选中"切削用量"标签，按照图3-16进行设置。

(4) 选中"轮廓车刀"标签，按照图3-17进行设置。

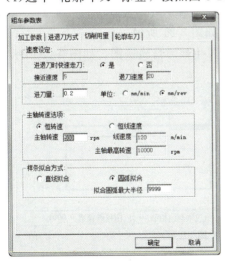

图 3-16

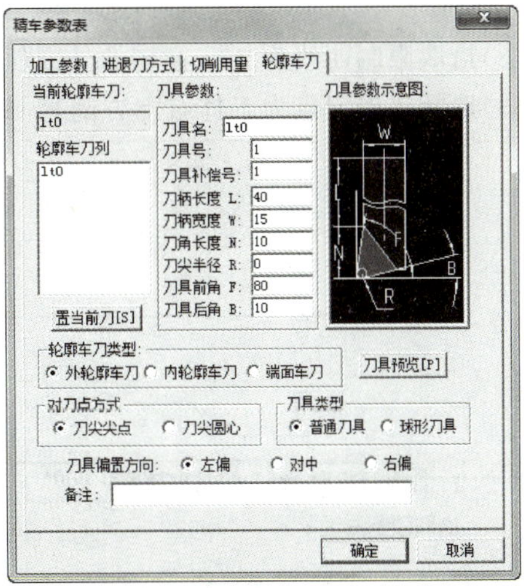

图 3-17

(5) 设置好后，拾取被加工工件表面轮廓为选择 $\phi25$ 外圆的右端面，链接方向选择 X 正方向，如图3-18所示。

(6) 拾取限制曲线为最左端 φ28 外圆和毛坯 φ30 之间的一条直线段，如图 3-19 所示。

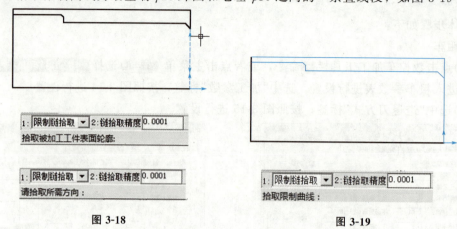

图 3-18　　　　　　　　　图 3-19

(7) 拾取毛坯曲线为最右端 φ25 外圆上方的一段直线段，图 3-20 所示。

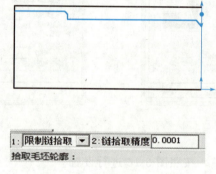

图 3-20

(8) 拾取限制曲线为 φ30 毛坯的外圆轮廓线，如图 3-21 所示。
(9) 选择进退刀点为工件右上方随意一点，即可生成刀具轨迹图，如图 3-22 所示。

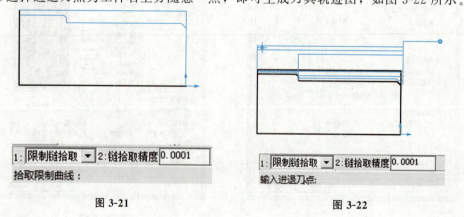

图 3-21　　　　　　　　　图 3-22

2) 精车

(1) 点击数控车加工工具栏 命令，或者点击主菜单 数控车(L) 选择 轮廓精车(F) 选项，进入精车参数表进行设置。选中"加工参数"标签，按照图 3-23 进行设置。

(2)选中"进退刀方式"标签,按照图 3-24 进行设置。

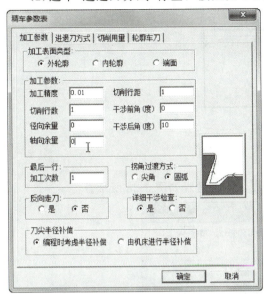

图 3-23

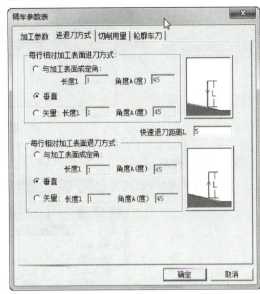

图 3-24

(3)选中"切削用量"标签,按照图 3-25 进行设置。

(4)选中"轮廓车刀"标签,按照图 3-26 进行设置。

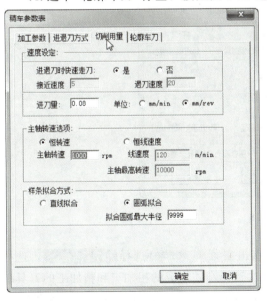

图 3-25

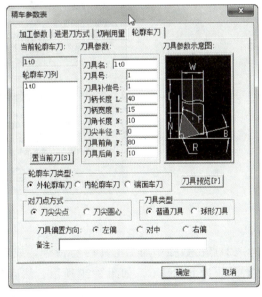

图 3-26

(5)设置好后,拾取被加工工件表面轮廓和拾取限制曲线和粗加工一样,进退刀点设置在粗加工的外面,以便于区分。完成拾取,生成加工轨迹,如图 3-27 所示。

项目 3　典型零件数控车仿真加工

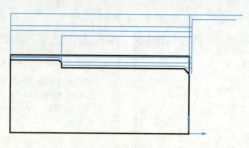

图 3-27

3) 生成 G 代码

(1) 主菜单 数控车(L) 选择 后置设置(P)，各项设置如图 3-28 所示。

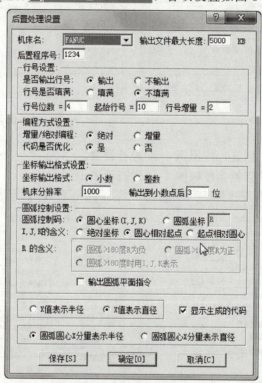

图 3-28

(2) 点击数控车加工工具栏 命令，或者点击主菜单 数控车(L) 选择 代码生成(C)，选择数控系统为 FANUC，如图 3-29 所示。然后依次选择刚才生成的粗加工和精加工的刀具轨迹线，按鼠标右键或者回车键确认，生成加工程序，如图 3-30 所示。导入程序至第三方模拟软件，得到加工效果图，如图 3-31 所示。

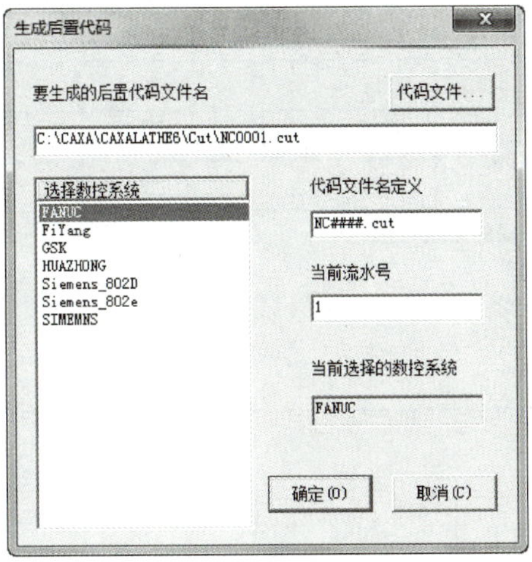

任务1 绘制台阶轴与仿真加工

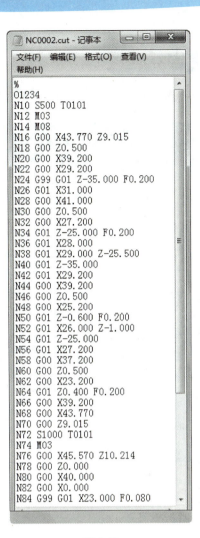

图 3-29

图 3-30

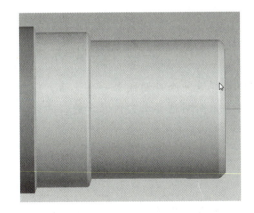

图 3-31

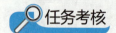

任务考核

表 3-1 任务实施评价表

姓名：_____   班级：_____

序号	检测内容与要求	分值	学生自评（25%）	小组互评（25%）	教师评价（50%）
1	学习态度	5			
2	安全、规范、文明操作	5			
3	图形绘制	10			
4	倒角绘制	10			
5	粗加工设置	20			
6	精加工设置	20			
7	机床设置	15			
8	程序生成	15			
总分		100	合计：		
问题记录和解决办法	记录任务实施中出现的问题和采取的解决方法				

任务 2 绘制螺纹轴与仿真加工

任务引入

很多零件的工艺内容不会单是一个外圆或者一个端面，还会出现矩形槽加工、螺纹加工以及中心孔的加工，本任务就针对这些工艺内容，进行阐述。

相关知识

1. 钻中心孔

中心孔是由中心钻（图 3-32）加工而成，中心孔一般有以下四种类型（图 3-33）。

（1）A 型中心孔：适用于不需要多次装夹或者不需要保留中心孔的场合。

（2）B 型中心孔：适用于需要多次安装的场合。

(3) C 型中心孔：适用于工件之间的紧固连接。
(4) R 型中心孔：适用于定位精度要求较高的场合。

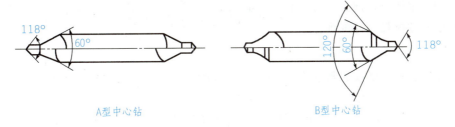

A型中心钻　　　　　　　　B型中心钻

图 3-32

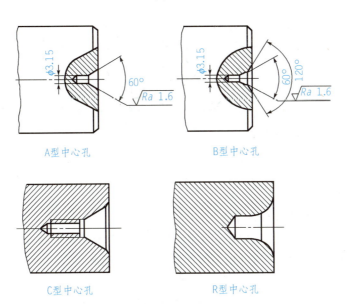

A型中心孔　　　　　　　　B型中心孔

C型中心孔　　　　　　　　R型中心孔

图 3-33

2. 切槽加工

槽加工的特点：槽加工包括外沟槽、内沟槽、端面槽。轴类零件外螺纹一般都带有退刀槽、砂轮越程槽等（图 3-34）；套类零件内螺纹也常常带有内沟槽。槽加工有如下几个特点：

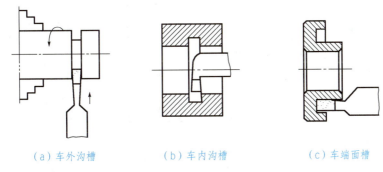

(a) 车外沟槽　　　　(b) 车内沟槽　　　　(c) 车端面槽

图 3-34

(1)切槽刀刀头宽度较窄，一般为3～5 mm，故刀具刚性较差，切削过程中容易产生扎刀、振动甚至折断现象。

(2)加工窄槽时，槽宽由刀头宽度决定。

(3)槽尺寸测量较为困难。

3. 外螺纹加工

(1)普通三角形螺纹的基本牙型。如图3-35所示，各基本尺寸的名称如下：

D—内螺纹大径(公称直径)；d—外螺纹大径(公称直径)；D_2—内螺纹中径；d_2—外螺纹中径；D_1—内螺纹小径；d_1—外螺纹小径；P—螺距；H—原始三角形高度。

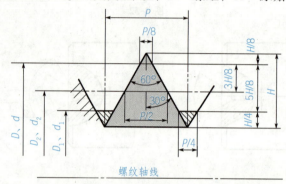

图 3-35

(2)三角形螺纹的基本尺寸如下。

①牙型角 α。螺纹轴向剖面内螺纹两侧面的夹角。普通三角形螺纹 $\alpha=60°$。

②螺距 P。它是沿轴线方向上相邻两牙间对应点的距离。

③导程 P_h。在同一条螺旋线上的相邻两牙在中径线上对应两点之间的轴向距离。

④牙型高度：外螺纹牙顶和内螺纹牙底均在 $H/8$ 处削平，外螺纹牙底和内螺纹牙顶均在 $H/4$ 处削平。$h_1=H-H/8-H/4=5/8H=0.5413P$

⑤大径：$d=D$(公称直径)。

⑥中径：$d_2=D_2=d-2\times 3/8H=d-0.6495P$。

⑦小径：$d_1=D_1=d-2\times 5/8H=d-1.0825P$。

🔧 任务实施

绘制如图3-36所示零件并进行仿真加工，毛坯直径为 $\phi40$。

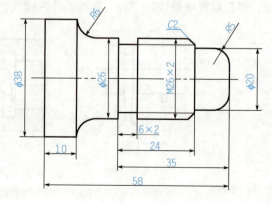

图 3-36

任务 2　绘制螺纹轴与仿真加工

1. 绘制图形

根据所示零件图进行零件外轮廓的绘图，不包括切槽的图形。一般切槽都在外圆加工好以后进行，因此不必把槽的轮廓先画出。绘制好的图形如图 3-37 所示。

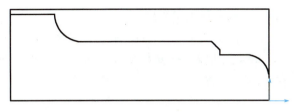

图 3-37

2. 钻出中心孔

1）生成加工路径

（1）点击数控车加工工具栏 ■ 命令，或者点击主菜单 数控车(L) 选择 钻中心孔(D) 选项，进入钻孔参数表进行设置。选中"加工参数"标签，按照图 3-38 进行设置。

（2）选中"用户自定义"标签，不做设置。

（3）选中"钻孔刀具"标签，按照图 3-39 进行设置。

图 3-38　　　　　　　　　　　图 3-39

（4）设置完毕后，选中右端面和中心线的交点，如图 3-40 所示，然后生成刀具加工路径，如图 3-41 所示。

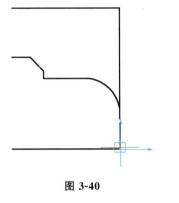　　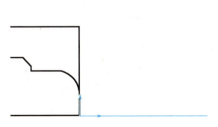

图 3-40　　　　　　　　　　　图 3-41

2)生成 G 代码加工程序

点击数控车加工工具栏 ■ 命令,或者点击主菜单 数控车(L) 选择 ■ 代码生成(C) ,选择数控系统为 FANUC,如图 3-29 所示。然后选择刚才生成的刀具轨迹线,按鼠标右键或者回车键确认,生成加工程序,如图 3-42 所示。

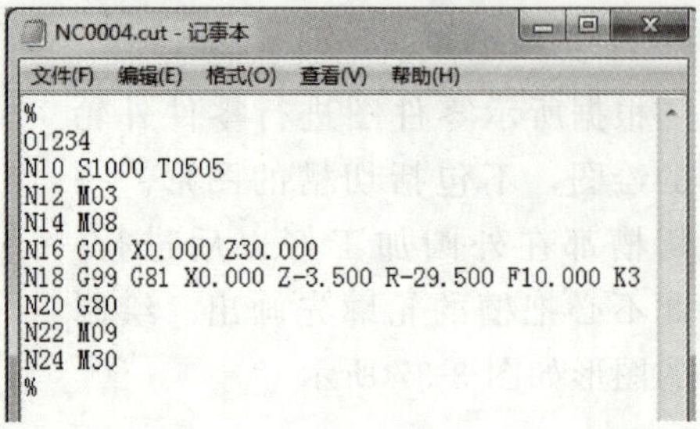

```
%
O1234
N10 S1000 T0505
N12 M03
N14 M08
N16 G00 X0.000 Z30.000
N18 G99 G81 X0.000 Z-3.500 R-29.500 F10.000 K3
N20 G80
N22 M09
N24 M30
%
```

图 3-42

3. 生成外轮廓加工路径和程序

1)粗车

(1)点击数控车加工工具栏 ■ 命令,或者点击主菜单 数控车(L) 选择 ■ 轮廓粗车(R) 选项,进入粗车参数表进行设置。设置参考任务 3.1。

(2)选择加工表面和毛坯,具体方法参考任务 3.1。完成后如图 3-43 所示。

图 3-43

(3)选择进退刀点,生成粗加工路径,如图 3-44 所示。

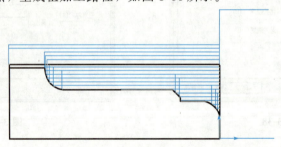

图 3-44

2)精车

(1)点击数控车加工工具栏 ■ 命令,或者点击主菜单 数控车(L) 选择 ■ 轮廓精车(F) 选项,进入精车参数表进行设置。设置参考任务 3.1。

(2)选择加工表面,选择进退刀点,生成精加工路径,如图 3-45 所示。

3)生成 G 代码加工程序

(1)主菜单 数控车(L) 选择 ■ 后置设置(P) ,各项设置如图 3-28 所示。

(2)点击数控车加工工具栏 ■ 命令,或者点击主菜单 数控车(L) 选择 ■ 代码生成(C) ,依次选择刚才生成的粗加工和精加工的刀具轨迹线,按鼠标右键或者回车键确认,生成加工程序。

任务 2　绘制螺纹轴与仿真加工

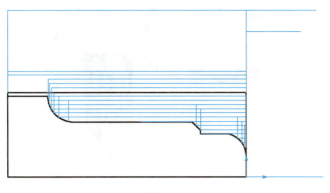

图 3-45

4. 切槽加工

(1)绘制矩形槽，如图 3-46 所示。

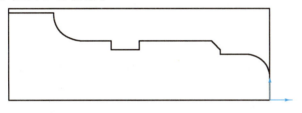

图 3-46

(2)点击数控车加工工具栏 命令，或者点击主菜单 数控车(L) 选择 切槽(G) 选项，进入切槽参数表进行设置。选中"切槽加工参数"标签，按照图 3-47 进行设置。

(3)选中"切削用量"标签，按照图 3-48 进行设置。

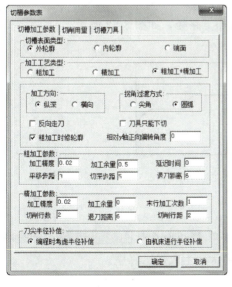

图 3-47

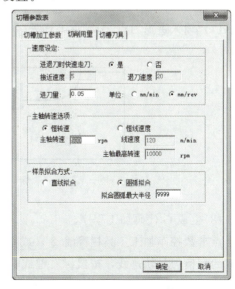

图 3-48

(4)选中"切槽刀具"标签，按照图 3-49 进行设置。

项目3 典型零件数控车仿真加工

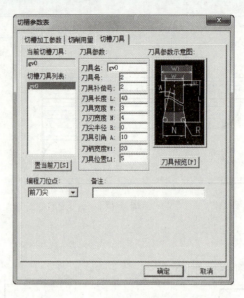

图 3-49

(5)设置完毕后,拾取"被加工表面轮廓"为槽的左侧一条边,方向为箭头向下的方向,如图 3-50 所示。

(6)拾取"限制曲线"为槽的右侧一条边,如图 3-51 所示。

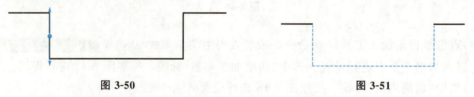

图 3-50　　　　　　　　　　　　图 3-51

(7)"输入进退刀点"为零件毛坯外一点,生成加工路径,如图 3-52 所示。

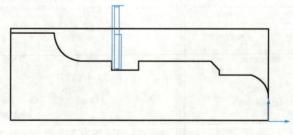

图 3-52

(8)生成 G 代码加工程序。

点击数控车加工工具栏 命令,或者点击主菜单 数控车(L) 选择 代码生成(C) ,选择刚才生成的切槽刀具轨迹线,按鼠标右键或者回车键确认,生成加工程序。

5. 外三角螺纹加工

(1)把我们绘制外轮廓时的倒角 C2 还原成直角相交的状态,为保证刚开始螺纹牙型的完整性,我们向 +Z 方向延长螺纹外圆起始线两倍螺距的长度即 4 mm,如图 3-53 所示。

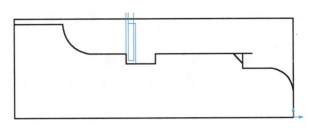

图 3-53

同样为了保证螺纹结尾部分牙型的完整性，我们也把螺纹结尾延后一个螺距，即 2 mm。如图 3-54 所示。

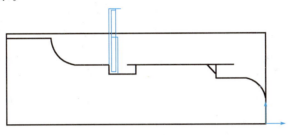

图 3-54

(2)点击数控车加工工具栏 ~~ 命令，或者点击主菜单 数控车(L) 选择 ~~ 车螺纹(S) 选项，然后拾取螺纹起始点为刚刚我们延长的 4 mm 线的端点，如图 3-55 所示。

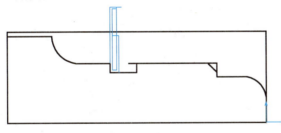

图 3-55

拾取螺纹终点为刚刚我们延长的螺纹结尾部分的 2 mm 延长线的终点，如图 3-56 所示。

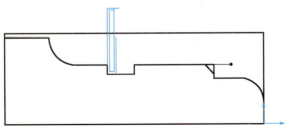

图 3-56

拾取完以后进入螺纹参数表进行设置。首先选中"螺纹参数"标签,按照图3-57进行设置。

(3)选中"螺纹加工参数"标签,按照图3-58进行设置。

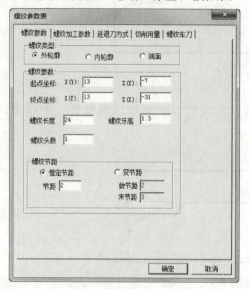

图 3-57

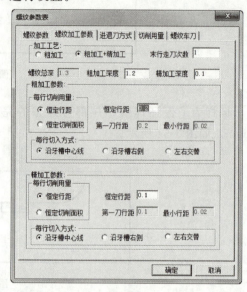

图 3-58

(4)选中"进退刀方式"标签,按照图3-59进行设置。
(5)选中"切削用量"标签,按照图3-60进行设置。

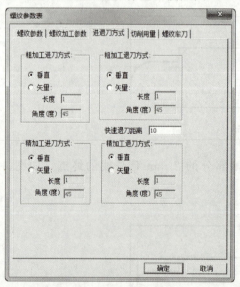

图 3-59

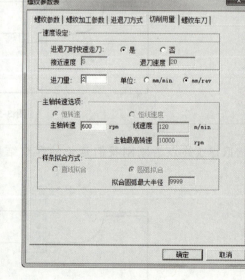

图 3-60

(6)选中"螺纹车刀"标签,按照图3-61进行设置。

设置完成后,在零件毛坯外选择一点作为进退刀点,生成加工路径,如图3-62所示。

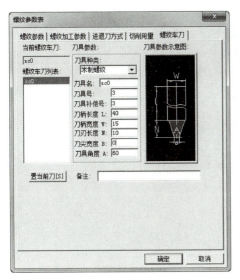

图 3-61

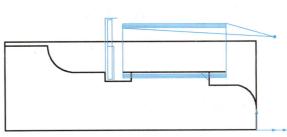

图 3-62

(7) 生成 G 代码加工程序。

点击数控车加工工具栏 命令，或者点击主菜单 数控车(L) 选择 代码生成(C) ，选择刚才生成的切槽刀具轨迹线，按鼠标右键或者回车键确认，生成加工程序，如图 3-63 所示。导入程序至第三方模拟软件，得到加工效果图，如图 3-64 所示。

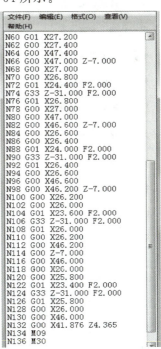

图 3-63

项目3　典型零件数控车仿真加工

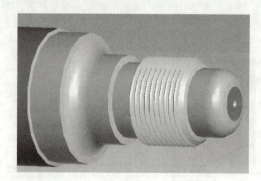

图 3-64

表 3-2　任务实施评价表

姓名：_____　　　　　　　　　　　　　　　　班级：_____

序号	检测内容与要求	分值	学生自评（25％）	小组互评（25％）	教师评价（50％）
1	学习态度	5			
2	安全、规范、文明操作	5			
3	中心孔加工参数设置	10			
4	中心孔加工程序生成	5			
5	外轮廓粗加工参数设置	10			
6	外轮廓精加工参数设置	10			
7	外轮廓程序生成	10			
8	切槽加工参数设置	15			
9	切槽加工程序生成	5			
10	螺纹加工参数设置	15			
11	螺纹加工程序生成	10			
	总　　分	100	合计：		
问题记录和解决办法	记录任务实施中出现的问题和采取的解决方法				

任务3 绘制动力轴与仿真加工

任务引入

有些零件不光要加工外轮廓，还要加工内轮廓，内轮廓一般进行孔加工。内孔加工由于无法直接观察，因此加工难度比外轮廓加工要复杂。另外有些零件由于加工工艺复杂，也无法从一端全部加工完成，在中途必须调头加工以完成另一端的加工。

相关知识

1. 钻孔

用麻花钻在实体材料上加工孔的方法称为钻孔。一般加工可达尺寸公差等级为IT14～IT11，表面粗糙度 Ra 值为50～12.5 μm，因此钻孔属于粗加工范围。

1) 麻花钻

麻花钻是钻孔的主要工具，它是由切削部分、导向部分和柄部组成，如图3-65所示。直径小于12 mm时一般为直柄钻头，大于12 mm时为锥柄钻头。

麻花钻有两条对称的螺旋槽，用来形成切削刃，且作输送切削液和排屑之用。前端的切削部分（图3-66）有两条对称的主切削刃，两刃之间的夹角 2ϕ 称为锋角。两个顶面的交线叫作横刃。导向部分上的两条刃带在切削时起导向作用，同时又能减小钻头与工件孔壁的摩擦。

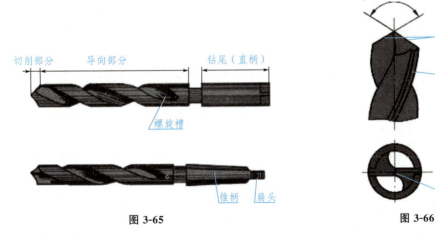

图3-65   图3-66

2) 钻孔操作

(1) 钻头的装夹。钻头的装夹方法，按其柄部的形状不同而异。锥柄钻头可以直接装入钻床主轴孔内，较小的钻头可用过渡套筒安装（图3-67）；直柄钻头一般用钻夹头安装（图3-68）。

(2)钻孔。自动编程,设置和中心钻钻孔一样。生成钻孔加工程序进行加工。

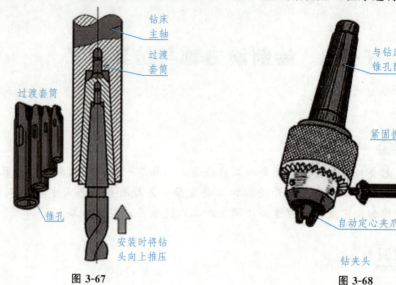

图 3-67　　　　　　　　　　图 3-68

2. 镗孔

(1)在数控车床上对工件的孔进行车削的方法叫镗孔(又叫车孔),镗孔可以做粗加工,也可以做精加工。镗孔分为镗通孔和镗不通孔。镗通孔基本上与车外圆相同,只是进刀和退刀方向相反。粗镗和精镗内孔时也要进行试切和试测,其方法与车外圆相同。注意通孔镗刀的主偏角为45°~75°,不通孔车刀主偏角为大于90°。

(2)车内孔时的质量分析。

①尺寸精度达不到要求。

a. 孔径大于要求尺寸:原因是镗孔刀安装不正确,刀尖不锋利,孔偏斜、跳动,测量不及时。

b. 孔径小于要求尺寸:原因是刀杆细造成"让刀"现象,塞规磨损或选择不当,绞刀磨损以及车削温度过高。

②几何精度达不到要求。

a. 内孔成多边形:原因是车床齿轮咬合过紧,接触不良,车床各部间隙过大造成的,薄壁工件装夹变形也会使内孔呈多边形。

b. 内孔有锥度在:原因是主轴中心线与导轨不平行,切削量过大或刀杆太细造成"让刀"现象。

c. 表面粗糙度达不到要求:原因是刀刃不锋利,角度不正确,切削用量选择不当,冷却液不充分。

3. 内螺纹加工

内螺纹各参数如图 3-35 所示。

1)三角形内螺纹的基础知识

三角形内螺纹有通孔内螺纹、台阶孔内螺纹、不通孔内螺纹三种形式,车削三角形内螺纹的方法与车削三角形外螺纹的方法基本相同,但进退刀的方向相反。车削三角形内螺纹时由于刀柄细长、刚度低、切屑不易排出、切削液不易注入及不便观察等原因,造成车内螺纹比车削三角形外螺纹要困难得多。

2）内三角形螺纹的基本要求

(1)螺纹轴向剖面牙型角必须正确，两侧面表面粗糙度小。

(2)中径尺寸符合要求，螺纹与工件轴线保持同轴。

3）三角形螺纹的相关计算公式

(1)牙高：$H=0.54P$。

(2)内螺纹小径：$D_1=D-2H$，即 $D_1=D-P$。

4）螺纹车刀的要求

(1)车刀牙型角要求正确。

(2)刀杆直径比底孔直径小 3～5 mm。

(3)车刀刀尖对准工件的旋转中心。

(4)用样板校对好车刀的刀尖角（角度平分线垂直于工件轴线）。

(5)刀杆不能伸出太长，一般为 $L+(10\sim20)$ mm。

(6)装好车刀后应在孔内走一次，以防碰撞。

4. 调头加工

有些零件只一次装夹，是不可能完成零件的加工的。需要两次甚至多次装夹才能完成零件的加工。

任务实施

绘制如图 3-69 所示零件并进行仿真加工，毛坯直径为 $\phi50$。

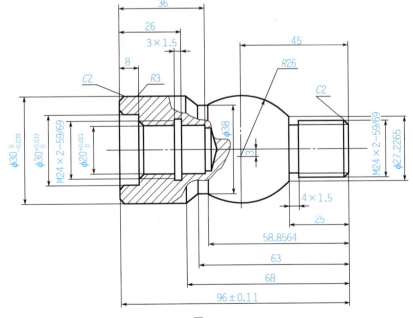

图 3-69

1. 绘制图形

根据图 3-69 所示零件图进行零件左端外轮廓、内轮廓的绘图。绘制好的图形如图3-70 所示。然后进行钻中心孔和钻孔的操作，由于零件最小孔的直径是 ϕ20，因此我们选择 ϕ18 的麻花钻进行孔的粗加工。钻中心孔和钻孔按照上个任务的操作进行，图 3-70 内轮廓下方的实线所示即为麻花钻钻孔后的轮廓。

2. 生成加工程序

1)左端外轮廓程序

点击加工工具栏的粗、精车功能，完成外轮廓的路径生成图 3-71 和 G 代码生成，如图 3-72 所示。

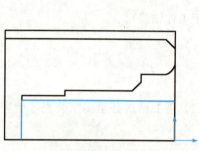

图 3-70

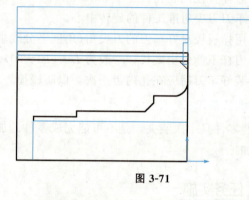

图 3-71

文件(F)　编辑(E)　格式(O)　查看(V)　帮助(H)

```
%
O1234
N10 S500 T0101
N12 M03
N14 M08
N16 G00 X65.045 Z17.703
N18 G00 Z0.000
N20 G00 X58.000
N22 G00 X48.000
N24 G99 G01 Z-40.000 F0.200
N26 G01 X50.000
N28 G00 X60.000
N30 G00 Z0.000
N32 G00 X46.200
N34 G01 Z-40.000 F0.200
N36 G01 X48.000
N38 G00 X58.000
N40 G00 Z0.000
N42 G00 X44.200
N44 G01 Z-1.100 F0.200
N46 G01 X46.000 Z-2.000
N48 G01 Z-40.000
N50 G01 X46.200
N52 G00 X56.200
N54 G00 Z0.000
N56 G00 X42.200
N58 G01 Z-0.100 F0.200
N60 G01 X44.200 Z-1.100
N62 G00 X54.200
```

```
N62 G00 X54.200
N64 G00 Z0.000
N66 G00 X42.000
N68 G01 X42.200 Z-0.100 F0.20
N70 G00 X58.000
N72 G00 X65.045
N74 G00 Z17.703
N76 S1000 T0101
N78 M03
N80 G00 X70.338 Z23.836
N82 G00 Z0.000
N84 G00 X60.000
N86 G00 X0.000
N88 G99 G01 X42.000 F0.080
N90 G01 X46.000 Z-2.000
N92 G01 Z-40.000
N94 G01 X50.000
N96 G00 X60.000
N98 G00 X70.338
N100 G00 Z23.836
N102 M09
N104 M30
%
```

图 3-72

2)内轮廓程序

加工内轮廓之前先修改一下内轮廓的轮廓线，把一些不需要的图素去除，如图 3-73 所示。

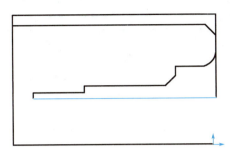

图 3-73

(1) 内孔粗车。点击数控车加工工具栏 ▦ 命令,或者点击主菜单 数控车(L) 选择 ▦ 轮廓粗车(R) 选项,进入粗车参数表进行设置。选中"加工参数"标签,加工表面类型选择"内轮廓",其余按照图 3-74 进行设置。

"进退刀方式"标签可以参照外轮廓的设置如图 3-15 所示,但是内轮廓的快速进退刀距离应该小一些,改成 2。"切削用量"参照外轮廓如图 3-16 所示。

选择"轮廓车刀"标签,按照图 3-75 设置。

图 3-74   图 3-75

设置好后"选择被加工表面轮廓",选择圆弧倒角,方向为向下的箭头,如图 3-76 所示。

"拾取限制曲线"为左端的一条小竖线,如图 3-77 所示。

"拾取毛坯轮廓"选择右端面的竖线,方向向下,如图 3-78 所示。

"拾取限制曲线"选择内孔轮廓下方的那条线,然后在零件外选择一点作为进退刀点,如图 3-79 所示。

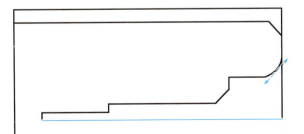

图 3-76

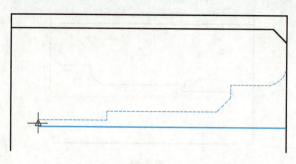

图 3-77

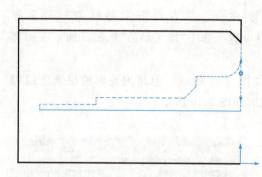

图 3-78

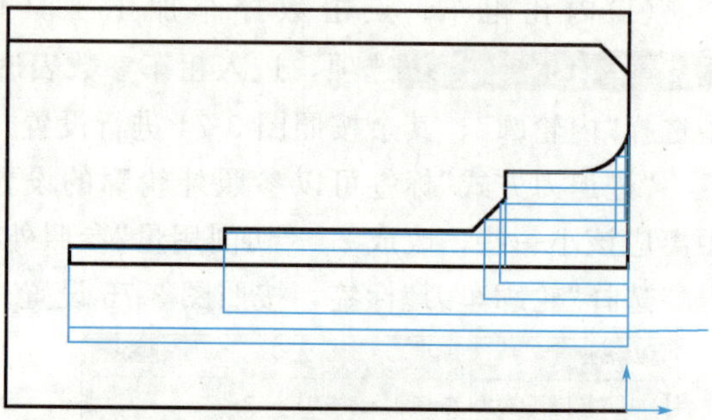

图 3-79

(2) 内孔精车。点击数控车加工工具栏 ▣ 命令，或者点击主菜单 数控车(L) 选择 ▣ 轮廓精车(F) 选项，进入精车参数表进行设置。选中"加工参数"标签，"加工表面类型"选择"内轮廓"，其余按照图 3-80 进行设置。

"进退刀方式"和"切削用量"标签参照外轮廓的设置，如图 3-24 和图 3-25 所示。

选择"轮廓车刀"标签，按照图 3-75 进行设置。

设置好后"选择被加工表面轮廓"，选择圆弧倒角，方向为向下的箭头，如图 3-76 所示。"拾取限制曲线"为左端的一条小竖线，如图3-77所示。

最后在零件外选择一点作为进退刀点，如图 3-81 所示。

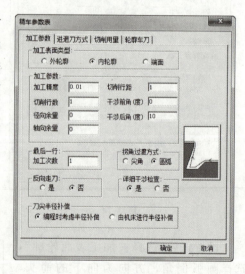

图 3-80

(3) 生成 G 代码加工程序。点击数控车加工工具栏 ▣ 命令，或者点击主菜单 数控车(L) 选择 ▣ 代码生成(C) ，依次选择刚才生成的粗加工和精加工的刀具轨迹线，按鼠标右键或者回车键确认，生成加工程序。

3）内沟槽

（1）绘制内沟槽，如图 3-82 所示。

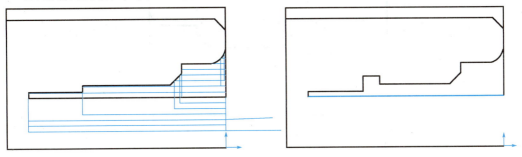

图 3-81   图 3-82

（2）生成切槽路径。点击数控车加工工具栏 命令，或者点击主菜单 数控车(L) 选择 切槽(G) 选项，进入切槽参数表进行设置。选中"切槽加工参数"标签，按照图 3-83 进行设置。

（3）选中"切削用量"标签，按照图 3-48 进行设置。

（4）选中"切槽刀具"标签，按照图 3-84 进行设置。

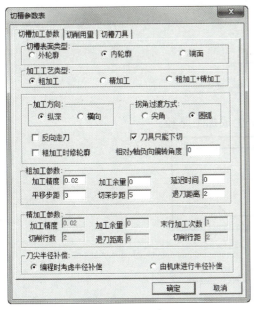

图 3-83

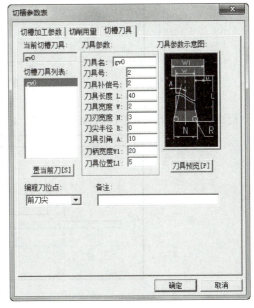

图 3-84

设置完毕后，拾取"被加工表面轮廓"为槽的左侧一条边，方向为箭头向上的方向，如图 3-85 所示。

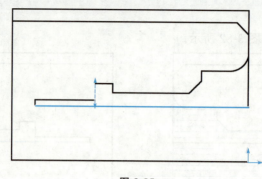

图 3-85

拾取"限制曲线"为槽的右侧一条边,如图 3-86 所示。

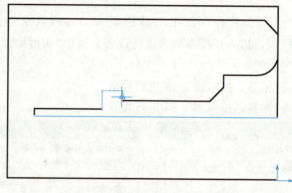

图 3-86

拾取"进退刀点"为零件外面一点,图 3-87 生成加工路径。

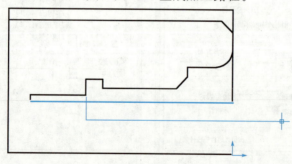

图 3-87

(5) 生成 G 代码加工程序。点击数控车加工工具栏 ▣ 命令,或者点击主菜单 数控车(L) 选择 ▣ 代码生成(C) ,选择刚才生成的内沟槽刀具轨迹线,按鼠标右键或者回车键确认,生成加工程序。

4) 内螺纹

内螺纹的加工和外螺纹加工基本一样,同样把螺纹开始部分延长两倍螺距,即 3 mm,螺纹结束部分延长一倍螺距即 1.5 mm,如图 3-88 所示。螺纹加工设置中把螺纹全部设置成内螺纹就行了。

(1)内螺纹设置。点击数控车加工工具栏 ▰ 命令，或者点击主菜单 数控车(L) 选择 车螺纹(S) 选项，然后拾取螺纹起始点为刚刚延长的 3 mm 线的端点，拾取螺纹终点为刚刚延长的螺纹结尾部分的 1.5 mm 延长线的终点。

进入螺纹参数表进行设置。首先选中"螺纹参数"标签，按照图 3-89 进行设置。

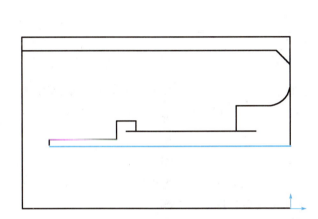

图 3-88

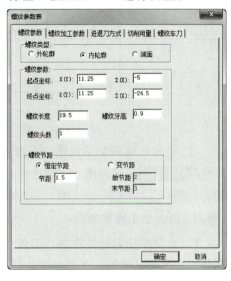

图 3-89

选中"螺纹加工参数"标签，按照图 3-90 进行设置。

选择"进退刀方式"标签，由于是内螺纹，因此"快速退刀距离"应设置成小一些，按照图 3-91 进行设置。

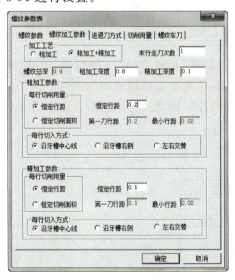

图 3-90

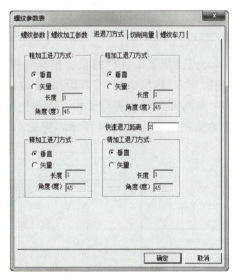

图 3-91

"切削用量"、"螺纹车刀"标签按照图 3-60、图 3-61 进行设置。

设置完成后，在零件毛坯外选择一点作为进退刀点，生成加工路径，如图 3-92 所示。

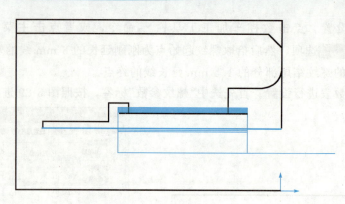

图 3-92

(2)生成 G 代码加工程序。点击数控车加工工具栏 ▣ 命令，或者点击主菜单 数控车(L) 选择 ▣ 代码生成(C) ，选择刚才生成的内螺纹刀具轨迹线，按鼠标右键或者回车键确认，生成加工程序。

3. 调头加工右端轮廓

(1)绘制零件右端外轮廓，不包括槽。由于 $\phi 30$ 外圆在加工左端时已经加工过，因此在加工右端时只需加工至圆锥部分即可，绘制完成后如图 3-93 所示。

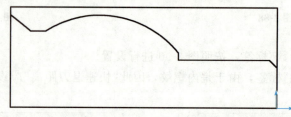

图 3-93

(2)点击加工工具栏的粗、精车功能，把"加工参数"标签中的"干涉后角"改成"60"，把"轮廓车刀"标签中的"刀具后角"也改成"60"。因零件轮廓有往里面凹的圆弧，为了避免车刀后角与零件轮廓进行干涉，因此把车刀刀尖角改小，即增大刀具的后角。然后完成外轮廓的路径生成如图 3-94 所示，完成 G 代码生成。

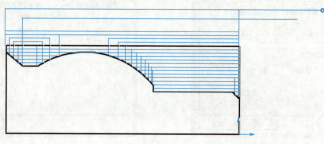

图 3-94

(3)生成切槽加工路径和生成加工 G 代码。绘制外沟槽的图形，然后生成切槽刀具路径如图 3-95 所示。切槽参数设置参照图 3-47、图 3-48、图 3-49。

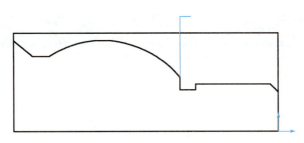

图 3-95

(4)生成外螺纹加工路径和生成加工 G 代码。首先把螺纹开始部分延长两倍螺距，即 4 mm，螺纹结束部分延长一倍螺距即 2 mm，螺纹加工设置参照前面外螺纹的设置（图 3-57 至图 3-61）。生成加工路径后如图 3-96 所示。

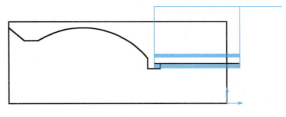

图 3-96

(5)完成后，导入第三方模拟软件，加工效果图如图 3-97 所示。

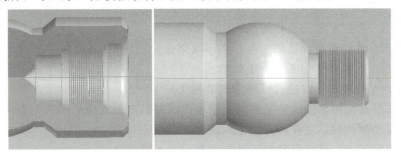

图 3-97

任务考核

表 3-3　任务实施评价表

姓名：_____　　　　　　　　　　　　　　　　班级：_____

序号	检测内容与要求	分值	学生自评（25%）	小组互评（25%）	教师评价（50%）
1	学习态度	5			
2	安全、规范、文明操作	5			
3	中心孔加工参数设置和程序生成	5			
4	钻孔加工参数设置和程序生成	5			
5	左端外轮廓粗、精加工	5			
6	内孔粗、精加工参数设置	10			

续表

序号	检测内容与要求	分值	学生自评（25%）	小组互评（25%）	教师评价（50%）
7	内孔程序生成	10			
8	内沟槽加工参数设置	10			
9	内沟槽加工程序生成	10			
10	内螺纹加工参数设置	10			
11	内螺纹加工程序生成	10			
12	右端外轮廓粗、精加工	5			
13	右端外轮廓切槽加工	5			
14	右端外轮廓螺纹加工	5			
总 分		100	合计：		
问题记录和解决办法	记录任务实施中出现的问题和采取的解决方法				

复习思考

3-1. CAXA 数控车画的是几维图形？

3-2. CAXA 数控车粗、精加工有什么不同之处？

3-3. CAXA 数控车常用哪几个坐标轴？

3-4. CAXA 数控车可以进行哪些形式的加工？

3-5. 加工有外沟槽零件的外轮廓时，是否应该先画出外沟槽的图形？为什么？

3-6. 加工外螺纹时，怎样确定加工深度？

3-7. 镗孔加工中，退刀量和加工外轮廓有什么不同？

3-8. 内螺纹加工时，毛坯内孔直径如何确定？

3-9. 内螺纹加工中，退刀量和加工外螺纹有什么不同？

3-10. 完成习题 3-10 所示轴的车仿真加工。

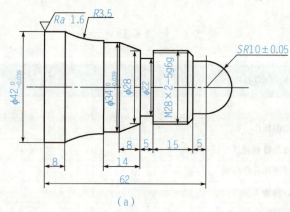

(a)

习题 3-10

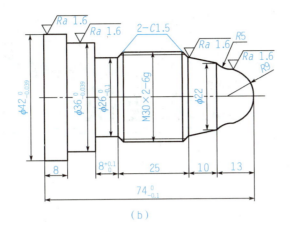

(b)

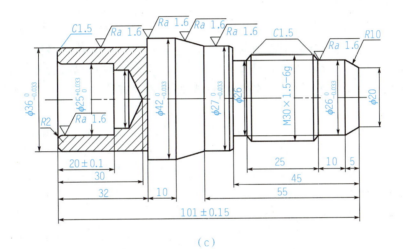

(c)

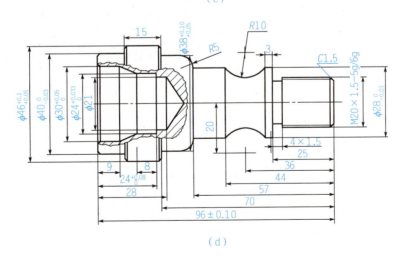

(d)

习题 3-10(续)

项目 4

线架建模

章前导读

CAXA 制造工程师是北京数码大方科技股份有限公司（CAXA）开发的一款基于 PC 平台的数字化制造（MES）软件，具有卓越工艺性的 2～5 轴数控编程能力，它能为数控加工提供从建模、设计到加工代码生成、加工仿真、代码校验以及实体仿真等全面数控加工解决方案。作为优秀国产软件，在我国应用广泛，在 CAD/CAM 软件中具有代表性。

CAXA 制造工程师 2016 支持 64 位和 32 位操作系统，拥有数据接口、几何建模、加工轨迹生成、加工过程仿真检验、数控加工代码生成、加工工艺单生成等数控加工和编程功能，更具有四轴平切面加工、五轴铣加工等。

CAXA 制造工程师 2016 是一个开放的设计/加工工具，其提供了丰富的数据接口，包括直接读取三维 CAD 软件如 CATIA、Pro/E 的数据接口；基于曲面的 dxf 和 iges 标准图形接口；基于实体的 step 标准数据接口等，这些接口保证了与世界流行的 CAD 软件进行双向数据交换，使企业可以跨平台跨地域的与合作伙伴实现虚拟产品开发和生产。

本项目以连杆、挂钩、曲边盒、轴承座三维线架的绘制等任务，介绍 CAXA 制造工程师 2016 线架建模各子功能及软件操作。

任务 1　认识 CAXA 制造工程师 2016

本任务以绘制一球曲面，并调节其显示方式为例，介绍 CAXA 制造工程师 2016 软件的操作，以熟悉 CAXA 制造工程师 2016 的功能特点，使用界面等基础知识，能对软件的运行环境进行初步的设置，完成曲面球的绘制及显示方式调整。

任务1　认识CAXA制造工程师2016

相关知识

1. 软件的启动

常用启动方法如下。

1）快捷图标

双击桌面上图标即可启动程序，CAXA制造工程师2016快捷图标如图4-1所示。

2）开始菜单

通过选择【开始】→所有程序→CAXA→CAXA制造工程师2016→CAXA制造工程师2016，即可启动程序。

图 4-1

2. 软件界面介绍

CAXA制造工程师2016软件界面如图4-2所示。

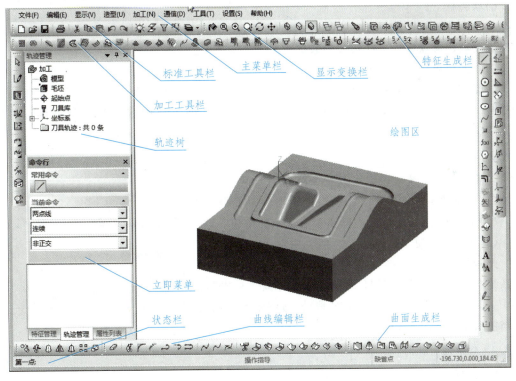

图 4-2

1）标题栏

CAXA制造工程师2016显示界面的顶部是标题栏，它显示了软件的名称、当前打开的路径及文件名，其右侧是标准Window应用程序的3个控制按钮，包括最小化、最大化及窗口。

2）主菜单栏

主菜单提供了CAXA制造工程师2016所有命令，其命令结构为树状，例如：当点击"造型"命令子菜单时，会弹出"曲线生成"下一级子菜单，悬停其上，又会弹出"直线"

等命令。

3)工具栏

工具栏将 CAXA 制造工程师 2016 常用命令以图标的形式显示在绘图区周围，其包括"标准工具栏"、"显示变换栏"、"曲线生成栏"、"特征生成栏"等。工具栏中每一个图标表示一个命令，通过点击图标，可以激活该命令条，作用同主菜单中命令。

4)绘图区

绘图区是最为常用的区域，是显示设计图形的区域。用户从外部导入的图形或用该软件绘制的图形都会显示在该区域。其位于屏幕中心，并占据了屏幕大部分面积，为显示全图提供充分的视区。中央设置了一个三维直角坐标，为世界坐标，原点为（0.0000，0.0000，0.0000，），是用户操作过程中的基准。

5)轨迹树

轨迹树记录历史操作和相互关系。可以在该窗口中对特征进行操作或查询。按【Tab】键可在"特征管理"、"轨迹管理"及"属性列表"3个选项卡间切换。

6)状态栏

状态栏位于软件最下方，提供命令响应信息，尤其初学者应随时关注该区域的提示，有时需要利用键盘输入一些相关的数据。

7)立即菜单

立即菜单描述了某些命令执行的各种情况或使用提示。根据当前的作图要求，正确地选择某一选项，即可得到准确的响应。如图 4-2 中立即菜单内容即为绘制直线时的立即菜单。

3. 软件的退出

当需要退出系统时，常用以下 3 种方法。

(1)在主菜单上选择"文件(F)"→"退出(X)"命令。

(2)单击 CAXA 制造工程师窗口右上角的按钮。

(3)使用组合键 Alt+X。

此时系统会弹出一个对话框，要求再次确认是否退出系统。单击"是(Y)"按钮，保存并退出系统；单击"否(N)"，不保存，退出系统；单击"取消"按钮则返回到软件当前状态，如图 4-3 所示。

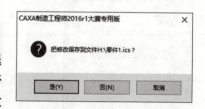

图 4-3

4. 常用键含义

1)鼠标键

(1)左键：激活菜单、确定位置点、拾取元素等，本文所说点击，都指点击该键。

(2)右键：确认拾取、结束操作、终止当前命令等，右击即点击该键。

(3)滚轮：放大、缩小图形，拖动、翻转图形等。

2)回车键

在系统要求输入点时，按该键可激活一个坐标输入条，供输入数据用。还具有以下功能：

(1)确认选中的命令。

(2)结束数据输入或确认缺省值。

(3)重复执行上一个命令。

3)空格键

(1)当要求输入点时,按空格键可激活"点工具"菜单,如图4-4所示。

(2)当要求输入方向时,按空格键可激活"矢量工具"菜单,如图4-5所示。

(3)当进行多元素删除操作中,提示拾取元素时,按空格键可激活"选择集拾取工具"菜单,如图4-6所示。

图 4-4

(4)在一些操作(如生成刀具轨迹要求拾取轮廓或进行曲线组合等)中,系统要求拾取元素时,按空格键可激活"链拾取工具"菜单,如图4-7所示。

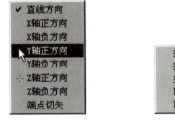

图 4-5

图 4-6

图 4-7

5. 坐标输入及目标点捕捉

1)坐标输入

绘图区中央是原点为(0,0,0)的坐标系,分别对应 x, y, z 坐标值,在平面内绘图时,z 坐标可省略不写。绘图过程中,当要求输入点时,可直接按数字键输入相应坐标值,中间用英文逗号隔开。如绘制图4-8直线时,可直接点击坐标原点,然后输入相应数值,如图4-9所示。

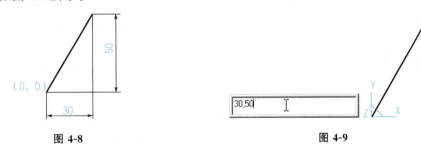

图 4-8   图 4-9

2)点目标捕捉

在绘制各类图线时,需要精确地确定相对位置,如绘制图4-8直线过程中,当鼠标靠近坐标原点时,会在原点上出现粉色小方块,即CAXA制造工程师已经捕捉到原点这个目标,但仍需点击确认。

绘制图线输入或点选点目标时,按下空格键会弹出图4-4所示菜单,默认为缺省,即该菜单上所有点都可以捕捉,如选中"C 圆心",则接下来的点选将只捕捉圆心。同样,为提高点选速度,可直接输入菜单中第一个字母进行点选,如输入 T,则捕捉与圆弧相切的切点。

6. CAXA 制造工程师快捷键

CAXA 制造工程师 2016 提供了快捷键，用于某些命令的调用，提高工作效率。也可根据需要对部分快捷键进行定义。

1）系统默认快捷键

系统默认常用快捷键如表 4-1 所示。

表 4-1　系统默认常用快捷键

默认快捷键	作用	默认快捷键	作用
F2	草图切换	A	拾取添加
F3	合适视图	S	缺省点
F4	刷新	D	取消所有
F5	切换至 XY 工作平面（俯视图）	W	拾取全部
		R	拾取取消
F6	切换至 YZ 工作平面（左视图）	E	捕捉端点
		C	捕捉圆心
F7	切换至 XZ 工作平面（主视图）	T	捕捉切点
		S	捕捉缺省点
F8	轴测图	Ctrl+C	复制
F9	切换工作平面	Ctrl+V	粘贴
按住滚轮	任意旋转	Space	在特定情况下可以弹出快捷菜单
Shift+按住滚轮	任意拖动		
滚动滚轮	任意缩放	鼠标右键	确认或重复上一步
按两下滚轮	相当于 F3		

举例说明，若要删除全部对象，可以点击"⊘删除"→W（拾取所有）→右键（确认删除）即可。

2）用户自定义快捷键

点击菜单选项"设置→自定义→键盘"，选择要指定的命令功能，然后在"请按新快捷键（N）"下框内输入你想要设定的快捷键，如果已经被其他命令功能所指定，则在下方显示"指定：XXX"（XXX 即相应命令），如果不冲突，则会在下方显示"指定：未绑定"，点击"指定"即可。如图 4-10 所示。

在用户自定义快捷键的时候，应避免与系统默认快捷键冲突，然后根据个人左手习惯和偏好来设定。

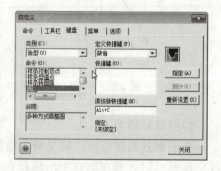

图 4-10

此外，使用右手鼠标快捷选取功能时，从左往右框选为绝对选取，即只能选中完全被框住的对象，若对象有部分元素在选定框外则为不选取该对象，从右往左框选为非绝对选取，即只要框线粘到的元素就会全被选中，即使对象部分元素在选定框外也会被选取。

任务1 认识CAXA制造工程师2016

🔧 **任务实施**

利用上述基础知识，完成以下任务。

（1）依次点击菜单：文件(F) → 新建(N) Ctrl+N，新建一个文档。

（2）依次点击菜单：文件(F) → 保存(S) Ctrl+S，以"任务4-1.mxe"为文件名，保存至D盘根目录下"CAXA机械制造工程师"文件夹内。

（3）点击 设置(S) → 系统设置(Y)，弹出图4-11所示对话框，点击"颜色设置"→在修改背景色选项，选"使用单一颜色"→点击"背景色（上）"，选择颜色为白色，即将背景色改为白色。

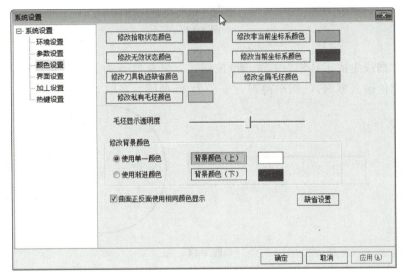

图 4-11

（4）点击 设置(S) → 层设置(L)，在弹出的图层管理对话框中，双击"主图层"行"颜色"标题下的色块，选绿色，此即绘图线条颜色，如图4-12所示。

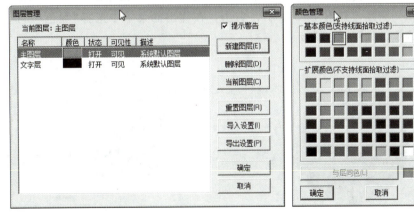

图 4-12

项目 4　线架建模

(5)点击"曲线生成工具栏"中 ∕（直线）按钮，以坐标原点为起点，画任意水平线。在点击坐标原点后，再点击左侧立即菜单中"非正交"选项，使之变成"正交"，其次在绘图区任意水平位置点击，最后右击结束直线绘制，如图 4-13 所示。

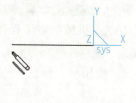

图 4-13

(6)点击"曲线生成工具栏"中 ⊕（圆）按钮，以坐标原点为圆心，直接输入 30，（该数字出现在弹出的输入框内），回车得到一半径为 30 的圆，如图 4-14 所示。

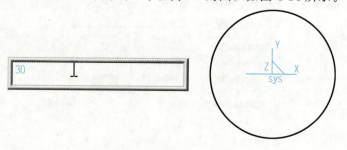

图 4-14

(7)点击"曲面生成工具栏"中 ♠（旋转面）按钮，根据左下角状态栏提示，依次选取所画水平线→确定旋转的矢量方向→半径为 30 的圆→右键，结束该曲面旋转命令，得到一球面，该球面以真实感显示，图 4-15 所示。

(8)修改该外圆的颜色。点击选中半径为 30 的外圆，当鼠标位于外圆上时，在鼠标箭头附近会显示一圆弧，如图 4-15 所示，右击，在弹出的菜单中选择"颜色…"选项，选择深蓝色，并确定，如图 4-16 所示。

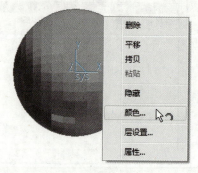

图 4-15　　　　　　　　　　　图 4-16

（9）更改曲面显示模式。点击"显示变换栏"（线架显示）按钮，观察曲面的变化情况，同时按 F6 或 F7 进行切换工作平面，观察线架变换形式，如图 4-17 所示。

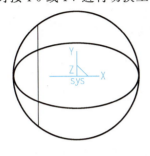

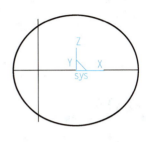

F5 键　　　　　　　　　　　F6 键　　　　　　　　　　　F7 键

图 4-17

任务考核

表 4-2　任务实施评价表

姓名：_____　　　　　　　　　　　班级：_____

序号	检测内容与要求	分值	学生自评（25％）	小组互评（25％）	教师评价（50％）
1	学习态度	5			
2	安全、规范、文明操作	5			
3	新建文件任务 4-1.mxe，并存到指定目录	10			
4	设置背景色	10			
5	设置当前层颜色	10			
6	绘制任意长水平线，且一端在坐标原点	10			
7	绘制半径 30 的圆	10			
8	生成半径 30 的球曲面	10			
9	选中半径 30 的圆，并修改颜色	10			
10	更改曲面显示方式，并切换工作平面	10			
11	用鼠标放大、缩小、移动、翻转图形	10			
	总　　分	100	合计：		
问题记录和解决办法	记录任务实施中出现的问题和采取的解决方法				

任务 2　绘制连杆

任务引入

本次任务主要是学习用 CAXA 制造工程师绘制直线、圆、平面旋转、曲线过渡、修剪等命令绘制如图 4-18 所示连杆。

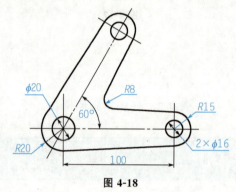

图 4-18

相关知识

1. 直线的绘制

位于曲线生成栏直线命令 。

CAXA 制造工程师提供了 6 种直线的绘制方式，依次是两点线、平行线、角度线、切线/法线、角等分线、水平线/铅垂线。不同直线类型，其下面对应的选项也会有所不同，如图 4-19 所示。

图 4-19

1)两点线

按给定两点绘制一条直线段，或给定的连续条件绘制连续的直线段，如图 4-20(a)、4-20(b)所示。

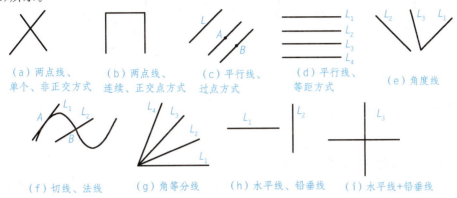

图 4-20

2)平行线

按给定距离或通过给定点绘制与已知线段平行且长度相等的单向或双向平行线段，如图 4-20(c)、4-20(d)所示。

3)角度线

绘制与坐标轴或一条直线成一定夹角的直线，如图 4-20(e)所示。

4)切线/法线

经过给定点作已知曲线的切线或法线，如图 4-20(f)所示。

5)角等分线

按给定等分数、给定长度绘制直线，将一个角等分，如图 4-20(g)所示。

6)水平/铅垂线

绘制平行或垂直于当前平面坐标轴的给定长度的直线，如图 4-20(h)、4-20(i)所示。

2. 圆的绘制

位于曲线生成栏圆命令 ⊙。

CAXA 制造工程师提供了"圆心_半径"、"三点"、"两点_半径"三种方式。

1)圆心_半径

已知圆心和半径绘制圆，如图 4-21(a)所示。

2)三点

经过已知的三点绘制圆，如图 4-21(b)所示。

3)两点_半径

已知圆上的两点和半径绘制圆，如图 4-21(c)所示。

3. 平面旋转

位于几何变换栏平面旋转命令 ✂。

对拾取到的曲线或面进行同一平面上的旋转或拷贝。

平面旋转有拷贝和旋转两种方式。拷贝方式除了可以指定角度外，还可以指定拷贝份数。

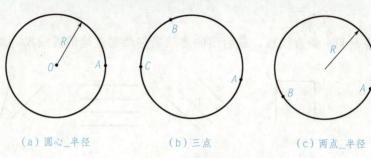

(a) 圆心_半径　　　　　(b) 三点　　　　　(c) 两点_半径

图 4-21　圆的画法

4. 曲线裁剪

位于曲线编辑栏曲线裁剪命令 。

使用曲线做剪刀，裁掉曲线上不需要的部分。即利用一个或多个几何元素（曲线或点，称为剪刀）对给定曲线（称为被裁剪线）进行修整，删除不需要的部分，得到新的曲线。

曲线裁剪共有四种方式：快速裁剪、线裁剪、点裁剪、修剪。

线裁剪和点裁剪具有延伸特性，也就是说如果剪刀线和被裁剪曲线之间没有实际交点，系统在分别依次自动延长被裁剪线和剪刀线后进行求交，在得到的交点处进行裁剪。

快速裁剪、修剪和线裁剪中的投影裁剪适用于空间曲线之间的裁剪。曲线在当前坐标平面上施行投影后，进行求交裁剪，从而实现不共面曲线的裁剪。

5. 曲线过渡

位于曲线编辑栏曲线过渡命令 。

曲线过渡对指定的两条曲线进行圆弧过渡、尖角过渡或对两条直线倒角。

对尖角、倒角及圆弧过渡中需裁剪的情形，拾取的段均是需保留的段。如图 4-22 所示。

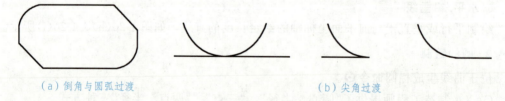

(a) 倒角与圆弧过渡　　　　　　　　　(b) 尖角过渡

图 4-22

任务实施

操作步骤为：

(1) 启动 CAXA 制造工程师 2016，以"任务 4-2.mxe"为文件名，保存至 D 盘根目录下"CAXA 机械制造工程师"文件夹内。

(2) 选择 XY 平面为草图平面。

按 F5 键，选择 XY 平面为草图平面，点击状态控制栏 中 （草图）按钮，进入草图绘制环境。

(3)绘制长度 100 的辅助线。

点击曲线栏直线命令 ✎，以坐标原点为直线段左端，在立即菜单中选择"两点线"→"单个"→"正交"→"长度方式"→"长度：100"，在绘图区向水平右侧点击，如图 4-23 所示。

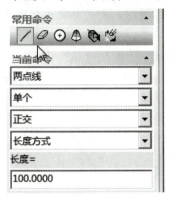

图 4-23

(4)画直线左端 φ20 的圆

点击曲线栏画圆命令 ⊕，选择"圆心 _ 半径"方式，以上面直线左端为圆心，输入数值 10，回车确认，如图 4-24 所示。

(5)同样绘制 φ40、φ30、φ16 这三个圆，如图 4-25 所示。

图 4-24　　　　　　　　　　图 4-25

(6)绘制切线。

点击曲线栏直线命令 ✎，按空格键，在弹出的点工具栏中选择切点(亦可直接输入 T)，当鼠标靠近两圆时会在箭头附近出现圆弧标记，分别点击两外圆，如图 4-26 所示。

(7)裁剪右端 φ30 圆弧。

点击曲线编辑栏曲线裁剪命令 ✄，根据状态栏提示，点击要被裁剪掉的部分圆弧，如图 4-27 所示。

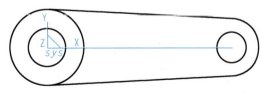

图 4-26　　　　　　　　　　图 4-27

(8)旋转得另一位置连杆。

点击"几何变换栏"中 ⊛(平面旋转)命令，旋转方式为"固定角度"→"拷贝"→"份数：

1"→"角度：60"，根据状态栏提示，选取线段左端为旋转中心（若不能捕捉圆心，则按空格键，改目标点必为缺省）→选中 $\phi40$、$\phi26$ 之外所有图线→右键确认，如图 4-28 所示。

（9）裁剪多余曲线。

点击曲线编辑栏曲线裁剪命令 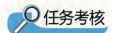，根据状态栏提示，点击要被裁剪掉多余的线段。

（10）以 $R8$ 的半径进行曲线过渡。

点击曲线编辑栏曲线过渡命令 ，过渡方式为"圆弧过渡"→"半径：8"→"精度：0.0100"→"裁剪曲线 1"→"裁剪曲线 2"，根据状态栏提示，分别点击两直线，右键确认，如图 4-29 所示。

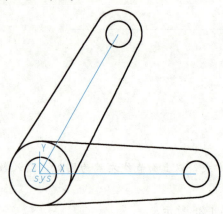

图 4-28

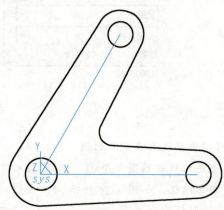

图 4-29

任务考核

表 4-3 任务实施评价表

姓名：_____   班级：_____

序号	检测内容与要求	分值	学生自评（25%）	小组互评（25%）	教师评价（50%）
1	学习态度	5			
2	安全、规范、文明操作	5			
3	新建文件任务 4-2.mxe，并存到指定目录	10			
4	选择 XY 平面为草图平面，进入草图环境	10			
5	绘制长度 100 的辅助线	10			
6	画直线左端 $\phi20$ 的圆	10			
7	绘制 $\phi40$、$\phi30$、$\phi16$ 三个圆	5			
8	绘制切线	10			
9	裁剪右端 $\phi30$ 圆弧	5			
10	旋转得另一位置连杆	10			
11	裁剪多余线段	10			

续表

序号	检测内容与要求	分值	学生自评（25%）	小组互评（25%）	教师评价（50%）
12	以 R8 的半径进行曲线过渡	10			
	总　　分	100			
			合计：		
问题记录和解决办法	记录任务实施中出现的问题和采取的解决方法				

任务3　绘制挂钩

任务引入

本次任务主要是学习用 CAXA 制造工程师圆弧、等距及尺寸标注等命令绘制图 4-30 所示挂钩。

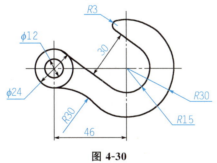

图 4-30

相关知识

1. 圆弧的绘制

位于曲线生成栏圆弧命令 。

CAXA 制造工程师圆弧功能提供了六种方式：三点圆弧、圆心 _ 起点 _ 圆心角、圆心 _ 半径 _ 起终角、两点 _ 半径、起点 _ 终点 _ 圆心角和起点 _ 半径 _ 起终角。

1) 三点圆弧

过三点画圆弧，其中第一点为起点，第三点为终点，第二点决定圆弧的位置和方向。

2) 圆心 _ 起点 _ 圆心角

已知圆心、起点及圆心角或终点画圆弧。

3）圆心＿半径＿起终角

由圆心、半径和起终角画圆弧。

4）两点＿半径

已知两点及圆弧半径画圆弧。

5）起点＿终点＿圆心角

已知起点、终点和圆心角画圆弧。

6）起点＿半径＿起终角

由起点、半径和起终角画圆弧。

2. 等距线的绘制

位于曲线生成栏等距线命令。

绘制给定曲线的等距线，用鼠标单击带方向的箭头可以确定等距线位置。有等距和变等距两种方式，如图 4-31 所示。

1）等距

按照给定的距离作曲线的等距线。

2）变等距

按照给定的起始和终止距离，作沿给定方向变化距离的曲线的变等距线。使用"直线"命令中的"平行线"的"等距"方式，可以等距多条直线，变等距只适合单根直线。

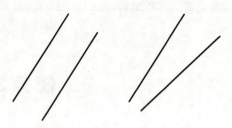

等距方式　　　　变等距方式

图 4-31

3. 尺寸标注及尺寸编辑

1）尺寸标注

位于曲线生成栏尺寸标注命令。

在草图状态下，对所绘制的图形标注尺寸，如图 4-32 所示。

非草图状态下不能标注尺寸。

2）尺寸编辑

位于曲线生成栏尺寸标注命令。

在草图状态下，对标注的尺寸进行标注位置上的修改，如图 4-33 所示。

非草图状态下不能编辑尺寸。

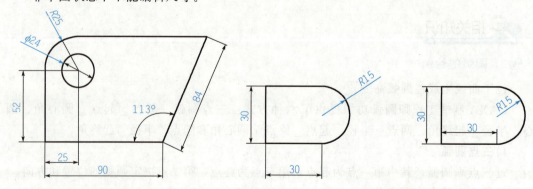

图 4-32　　　　　　　　　图 4-33

🔧 任务实施

(1) 启动 CAXA 制造工程师 2016，以"任务 4-3.mxe"为文件名，保存至 D 盘根目录下"CAXA 机械制造工程师"文件夹内。

(2) 选择 XY 平面为草图平面。按 F5 键，选择 XY 平面为草图平面，点击状态控制栏 中 (草图)按钮，进入草图绘制环境。

(3) 绘制中心线。点击直线命令，绘制适当大小十字线，点击等距线命令，工作方式为"单根曲线"、"等距"、"距离：46"，根据状态栏提示，拾取竖直线，在该直线右侧点击，以确定等距方向，如图 4-34 所示。

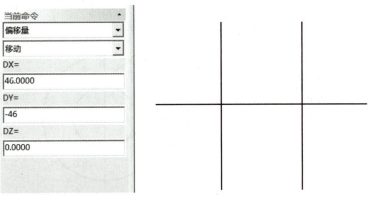

图 4-34

(4) 绘制 $\phi 12$、$\phi 24$ 及 $R15$、$R15$ 圆。点击"曲线生成栏"中画圆命令，绘制如图 4-35 所示图形。

(5) 绘制 $R30$ 圆弧。点击曲线生成栏圆弧命令，绘图方式为"两点_半径"，按空格键，在弹出的点工具菜单中点选"切点"(或键盘输入"T")，点击 $\phi 24$ 及 $R30$ 圆，输入 30，回车，如图 4-36 所示。

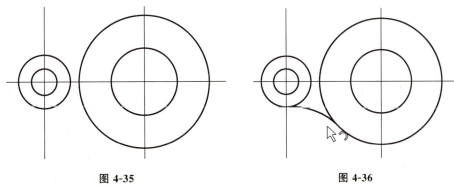

图 4-35 　　　　　　　　　　图 4-36

(6) 作内切 $\phi 24$ 及 $R15$ 直线。点击直线命令，绘图方式为"两点线"，按空格键，在弹出的点工具菜单中点选"切点"(因上一步捕捉目标仍是切点，这里可以略)，分别点击 $\phi 24$ 及 $R15$ 圆相应位置，得到其内公切线，如图 4-37 所示。

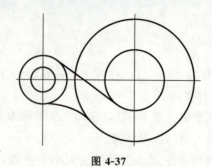

图 4-37

(7) 作内公切线等距线。点击曲线生成栏等距线命令，工作方式为"单根曲线"、"等距"、"距离：30"，根据状态栏提示，点击内公切线为等距对象，等距方向右上方（在内公切线右上方点击），右键结束等距命令。如图 4-38 所示。

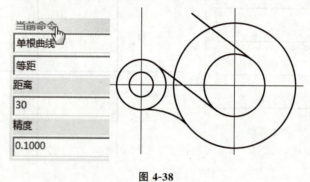

图 4-38

(8) 裁剪多余曲线。点击曲线编辑栏曲线裁剪命令，点击要裁剪部分曲线，右键确认，如图 4-39 所示。

(9) 用曲线过渡命令倒 R 圆角。点击曲线编辑栏曲线过渡命令，过渡方式为"圆弧过渡"→"半径：3"→"精度：0.0100"→"裁剪曲线 1"→"裁剪曲线 2"，根据状态栏提示，分别点击两曲线，右键确认，如图 4-40 所示。

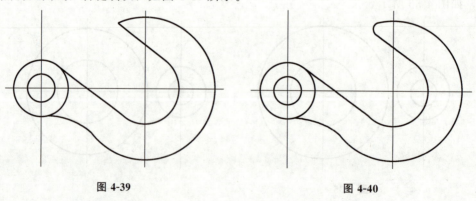

图 4-39　　　　　　　　　　　图 4-40

(10) 标注尺寸。点击曲线生成栏尺寸标注命令，参照图 4-30 进行尺寸标注，得到完整零件图。

强调：标注尺寸必须在草图环境进行，保存文件时，必须退出草图环境。

任务考核

表 4-4　任务实施评价表

姓名：_____　　　　　　　　　　　　　班级：_____

序号	检测内容与要求	分值	学生自评（25%）	小组互评（25%）	教师评价（50%）
1	学习态度	5			
2	安全、规范、文明操作	5			
3	新建文件任务 4-3.mxe，并存到指定目录	10			
4	选择 XY 平面为草图平面，进入草图环境	10			
5	绘制中心线，且使用等距命令	10			
6	绘制 $\phi12$、$\phi24$ 及 $R15$、$R30$ 圆	10			
7	绘制 $R30$ 圆弧	5			
8	作内切 $\phi24$ 及 $R15$ 直线	10			
9	作内公切线等距线	5			
10	裁剪多余曲线	10			
11	用曲线过渡命令倒 R 圆角	10			
12	标注尺寸	10			
	总　　分	100	合计：		
问题记录和解决办法	记录任务实施中出现的问题和采取的解决方法				

任务 4　绘制三维曲边盒

任务引入

线架建模是指直接使用空间点、曲线等来表达三维零件形状的建模方法，点、曲线绘图是曲面建模和实体造型的基础。

在平面显示器上，要完成三维操作，需要对坐标系切换、工作平面切换等有正确的理解。

本次任务主要是学习用 CAXA 制造工程师建立使用坐标系、选择不同工作平面、旋转、镜像、阵列、缩放等命令绘制图 4-41 所示曲边盒。

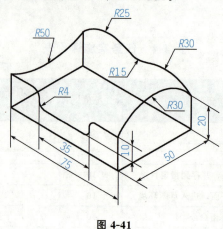

图 4-41

相关知识

1. 坐标系

为了方便用户作图，CAXA 制造工程师的坐标系功能有创建坐标系、激活坐标系、删除坐标系、隐藏坐标系和显示所有坐标系 5 个功能，如图 4-42 所示。

系统缺省坐标系叫做"世界坐标系"。系统允许用户同时存在多个坐标系，其中正在使用的坐标系叫做"当前坐标系"，其坐标架为红色，其他坐标架为白色。

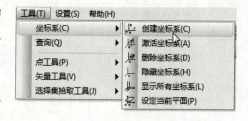

图 4-42

在实际使用中，为作图方便，用户可以根据实际需要，创建新的坐标系，在特定的坐标系下操作。

1）创建坐标系

位于坐标系工具栏创建坐标系命令 。

建立一个新的坐标系。

创建坐标系有单点、三点、两相交直线、圆或圆弧和曲线切法线五种方式。

（1）单点。输入一坐标原点确定新的坐标系，坐标系名为给定名称。

（2）三点。给出坐标原点、X 轴正方向上一点和 Y 轴正方向上一点生成新坐标系，坐标系名为给定名称。

（3）两相交直线。拾取直线作为 X 轴，给出正方向，再拾取直线作为 Y 轴，给出正方向，生成新坐标系，坐标系名为指定名称。

（4）圆或圆弧。以指定圆或圆弧的圆心为坐标原点，以圆的端点方向或指定圆弧端点方向为 X 轴正方向，生成新坐标系，坐标系名为给定名称。

（5）曲线切法线。指定曲线上一点为坐标原点，以该点的切线为 X 轴，该点的法线为

Y轴，生成新坐标系，坐标系名为给定名称。

2）激活坐标系

位于坐标系工具栏创建坐标系命令 ![icon]。

有多个坐标系时，激活某一坐标系就是将这一坐标系设为当前坐标系，如图4-43所示。

3）删除坐标系

位于坐标系工具栏创建坐标系命令 ![icon]。

删除用户创建的坐标系，如图4-44所示。

当前坐标系和世界坐标系不能被删除。

图 4-43

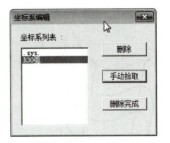

图 4-44

4）隐藏坐标系

位于坐标系工具栏创建坐标系命令 ![icon]。

使坐标系不可见。

点击命令后，根据状态栏提示行，点击相应工作坐标系，可进行隐藏。

5）显示所有坐标系

位于坐标系工具栏创建坐标系命令 ![icon]。

使所有坐标系都可见。

点击命令后，所有坐标系均可见。

2. 坐标平面

因在三维空间不同平面进行绘图的需要，CAXA制造工程师有平面XY、平面XZ、平面YZ三个坐标平面，见图4-45所示。系统默认状态位于绘图区中间，坐标轴为红色，文字为灰色。

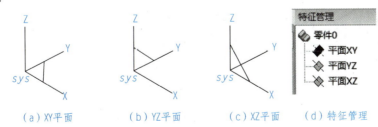

图 4-45

绘图时，按F5、F6、F7键，可将当前工作平面分别切换到平面XY、平面XZ、平面YZ，系统默认绘图平面为平面XY。

按 F8 键可以切换到轴测图状态，按 F9 键则可在不同平面间轮流切换当前工作平面。绘制草图时可点击左侧特征管理树中的平面进行切换、选择，如图 4-45（d）所示。草图状态下不能进行坐标平面切换。

3. 旋转命令

位于几何变换栏旋转命令 ⬚。

对拾取到的曲线或曲面进行空间的旋转或旋转拷贝。

旋转有拷贝和平移两种方式。拷贝方式除了可以指定旋转角度外，还可以指定拷贝份数，如图 4-46 所示。

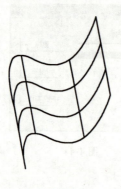　　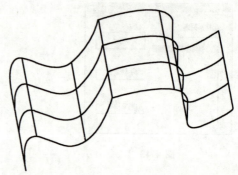

（a）待旋转曲面　　　　　　　　　　（b）旋转120°拷贝后曲面

图 4-46

4. 镜像命令

位于几何变换栏镜像命令 ⬚。

对拾取到的曲线或曲面以某一条直线为对称轴，进行空间上的对称镜像或对称拷贝。镜像有拷贝和平移两种方式，如图 4-47 所示。

　　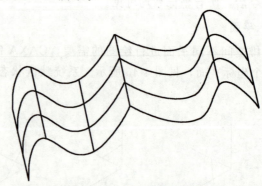

（a）待镜像曲面　　　　　　　　　　（b）镜像拷贝后曲面

图 4-47

5. 阵列命令

位于几何变换栏阵列命令 ⬚。

对拾取到的曲线或曲面，按圆形或矩形方式进行阵列拷贝。

阵列分为圆形或矩形两种方式。

1）圆形阵列

对拾取到的曲线或曲面，按圆形方式进行阵列拷贝，如图 4-48（a）所示。

2）矩形阵列

对拾取到的曲线或曲面，按矩形方式进行阵列拷贝，如图 4-48（b）所示。

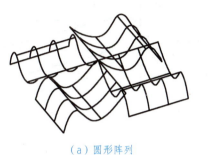 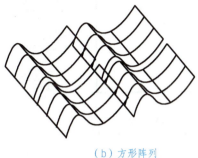

（a）圆形阵列　　　　　　　　　　（b）方形阵列

图 4-48

6. 缩放命令

位于几何变换栏缩放命令 。

对拾取到的曲线或曲面进行按比例放大或缩小。

缩放有拷贝和移动两种方式，如图 4-49 所示。

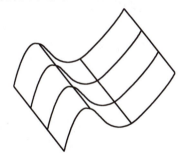 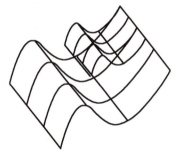

（a）待缩放曲面　　　　　　　　　　（b）缩放拷贝后曲面

图 4-49

任务实施

（1）启动 CAXA 制造工程师 2016，以"任务 4-4.mxe"为文件名，保存至 D 盘根目录下"CAXA 机械制造工程师"文件夹内。

（2）绘制 75 乘 50 底面矩形。按 F5 键，选择 XY 平面为作图平面，点击矩形命令 ，绘图方式为"两点矩形"，点击坐标原点，作为矩形的起点，按空格键，在弹出的对话框中输入"@7,50"（逗号必须为英语标点），如图 4-50 所示。

（3）复制顶面矩形。按 F8 键，切换到轴测视图，点击"几何变换"工具栏平移命令,平移方式为"偏移量"、"拷贝"、"DZ=20",按"W"键,选中四条边,右击确认,如图 4-51 所示。

图 4-50

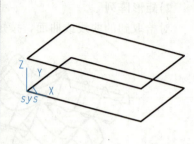

图 4-51

(4) 绘制长方体棱边及 R 圆弧 50。按 F9 键,切换到 YZ 工作平面,点击"曲线生成"工具栏直线命令 ,绘图方式为"两点线"、"单个"、"点方式",其余默认,依次点击矩形各顶点,得到长方体,如图 4-52 所示。点击"曲线生成"工具栏圆弧命令 ,绘图方式为"两点方式",分别点击 P_1、P_2 点,鼠标向下牵引,使得圆弧向下拱,输入半径 50,确认,如图 4-53 所示。

图 4-52

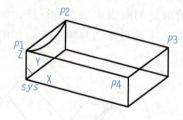

图 4-53

(5) 生成新坐标系,并设为当前坐标。点击"坐标系"工具栏创建坐标系命令 ,根据状态栏提示,点击长方体右下角为新坐标原点,取名为"R30",确定,系统自动激活新建坐标系,如图 4-54 所示。

(6) 绘制 R30 圆弧。按"F9"键,将工作平面切换至 YZ 平面,点击"曲线生成"工具栏圆弧命令 ,绘图方式为"两点方式",分别点击 P_3、P_4 点,鼠标向上牵引,使得圆弧向上拱,输入半径 30,确认,如图 4-55 所示。

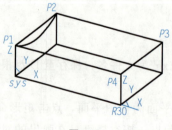

图 4-54

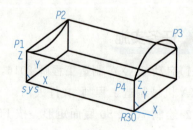

图 4-55

(7) 等距直线。按"F9"键,将工作平面切换至 XZ 平面,点击曲线生成栏等距线命

令 ![], 工作方式为"单根曲线"、"等距"、"距离: 10", 根据状态栏提示, 点击长为 75 的线为等距对象, 等距方向下, 如图 4-56 (a) 所示。

再次将等距距离改为 20, 分别点击前面两竖起棱边, 向内等距。右键结束等距命令, 如图 4-56 (b) 所示。

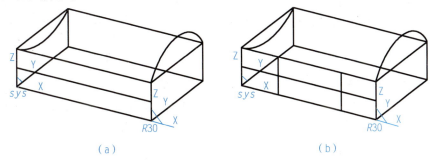

图 4-56

(8) 裁剪多余直线。点击曲线编辑栏曲线裁剪命令 ![], 点击需要裁剪的多余曲线, 右键确认, 如图 4-57 所示。

(9) 以 $R4$ 为半径圆弧过渡。点击曲线编辑栏曲线过渡命令 ![], 过渡方式为"圆弧过渡"→"半径: 4"→"精度: 0.0100"→"裁剪曲线 1"→"裁剪曲线 2", 根据状态栏提示, 分别点击两曲线, 右键确认, 如图 4-58 所示。

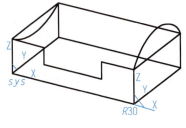

图 4-57

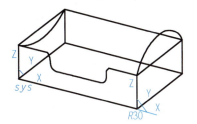

图 4-58

(10) 绘制后平面 $R30$、$R40$ 圆弧。点击"坐标系"工具栏创建坐标系命令 ![], 根据状态栏提示, 点击长方体左上角为新坐标原点, 取名为"$R2530$", 右键确定, 系统自动激活新建坐标系。

按"F9"键, 将工作平面切换至 XZ 平面, 点击"曲线生成"工具栏圆弧命令 ![], 绘图方式为"两点方式", 分别点击 $P2$、$P5$ 点 (中点), 鼠标向上牵引, 使得圆弧向上拱, 输入半径 25, 右键确认, 继续点击 $P5$、$P3$ 两点, 鼠标向上牵引, 使得圆弧向上拱, 输入半径 30, 右键确认, 如图 4-59 所示。

(11) 用 $R15$ 圆弧过渡两圆弧。点击曲线编辑栏曲线过渡命令 ![], 过渡方式为"圆弧过渡"→"半径: 15"→"精度: 0.0100"→"裁剪曲线 1"→"裁剪曲线 2", 根据状态栏提示, 分别点击两曲线, 右键确认, 如图 4-60 所示。

项目4 线架建模

图 4-59

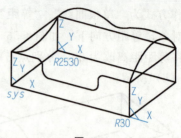

图 4-60

（12）删除多余直线。如图 4-41 所示。

（13）平移三维曲边盒。按"F9"键，将工作平面切换至 XY 平面，点击"几何变换"栏平移命令，移动方式"偏移量"、"拷贝"、"DY=50"，按"W"键，选中所有图线，右键确认，如图 4-61 所示。

DY 表示沿 Y 轴正向（后）移 50。

（14）旋转三维曲边盒。点击"几何变换"栏旋转命令，旋转方式为"拷贝"、"角度=90"，按状态栏提示，分别点击 P6、P7 两点，按"W"键，选中所有图线，右键确认，如图 4-62 所示。

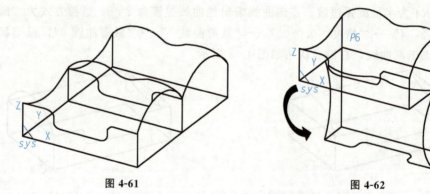

图 4-61　　　　　　　　　　图 4-62

旋转角度沿坐标轴方向看，顺时针旋转为负，逆时针旋转为正。

（15）镜像三维曲边盒。点击"几何变换"栏镜像命令，镜像方式为"拷贝"，按状态栏提示，分别点击 P8、P9、P10 三点（该三点确定右侧面为镜像平面），按"W"键，选中所有图线，右键确认，如图 4-63 所示。

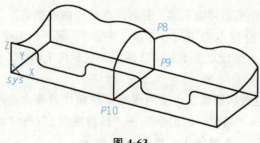

图 4-63

（16）阵列三维曲边盒。按"F9"键，将工作平面切换至 XY 平面，点击"几何变换"栏阵列命令，陈列方式"圆形"、"均布"、"分数=3"，按状态栏提示，按"W"键，选中所有图线，点选坐标原点为阵列中心，右键确认，如图4-64所示。

在不同的坐标平面内旋转（即沿不同坐标轴旋转），可得到不同结果。

（17）缩放三维曲边盒。点击"几何变换"栏缩放命令，缩放方式"拷贝"、"X比例＝0.5"、"Y比例＝0.5"、"Z比例＝0.5"（即各方向缩放0.5倍），根据状态栏提示，点选P11点为基点，按"W"键，选中所有图线，点选坐标原点为阵列中心，右键确认，如图4-65所示。

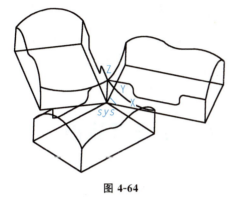

图 4-64

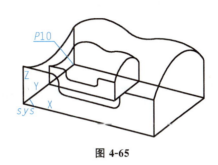

图 4-65

任务考核

表 4-5 任务实施评价表

姓名：_____   班级：_____

序号	检测内容与要求	分值	学生自评（25%）	小组互评（25%）	教师评价（50%）
1	学习态度	5			
2	安全、规范、文明操作	5			
3	新建文件任务4-4.mxe，并存到指定目录	10			
4	选择XY平面给矩形	10			
5	复制顶面矩形	5			
6	生成新坐标系，并设为当前坐标	5			
7	绘制R30圆弧	5			
8	等距直线	5			
9	裁剪多余直线	5			
10	以R4为半径圆弧过渡	5			
11	绘制后平面R30、R40圆弧	5			
12	用R15圆弧过渡两圆弧	5			
13	删除多余直线	5			
14	平移三维曲边盒	5			
15	旋转三维曲边盒	5			
16	镜像三维曲边盒	5			
17	阵列三维曲边盒	5			

续表

序号	检测内容与要求	分值	学生自评（25%）	小组互评（25%）	教师评价（50%）
18	缩放三维曲边盒	5			
	总　　分	100			
			合计：		
问题记录和解决办法	记录任务实施中出现的问题和采取的解决方法				

任务5　完成轴承座三维线架建模

任务引入

对图形进行分层管理是一种重要的图形管理方式，将图形按指定的方式及给定属性分层归属，可以实现复杂图形的分层处理。

利用"平移"图形命令，可以简化不同平面间作图难度，大大提高效率。

本次任务主要是学习用CAXA制造工程师平移命令及图层管理等命令绘制图4-66所示滑动轴承座。

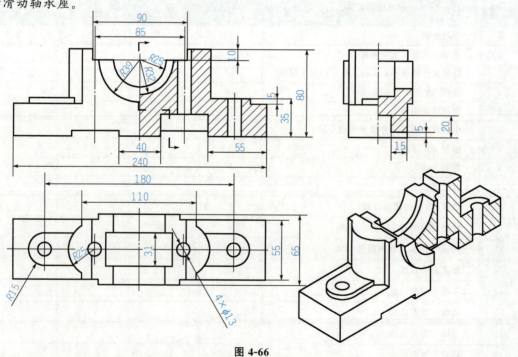

图 4-66

相关知识

1. 层设置

通过层设置，可以修改（查询）图层名、图层状态、图层颜色、图层可见性以及创建新图层。

图层有"状态"属性，还有颜色属性，可以将图层的颜色指定为当前的颜色。图层的"状态"有"可见"和"锁定"两种设置。通过图层可见性的设置可以实现整个图层上的图素的不可见（置于"隐藏"状态），如果图层处于"锁定"状态，则对该图层上所有图素均不能进行操作，这样可以对图素进行保护。

（1）单击"设置"下拉菜单中"层设置"，或者直接单击按钮 $\mathcal{S}$，如图 4-67 所示。

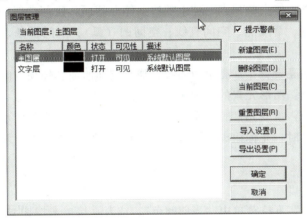

图 4-67

（2）选定某个图层，双击"名称"、"颜色"、"状态"、"可见性"和"描述"中任一项，可以进行修改。

（3）可以新建图层、删除指定图层或将指定图层设置为当前图层。

（4）如果想取消新建的许多图层，可单击重置图层按钮，回到图层初始状态。

（5）单击"导出设置（P）"按钮，输入图层组名称及其详细信息，单击确定按钮，将当前图层状态保存下来，如图 4-68 所示。

（6）单击"导入设置"按钮，选中需要导入的图层组，单击删除图层组按钮，可将选中的图层组删除。

当部分图层上存在有效元素时，无法重置图层和导入图层。

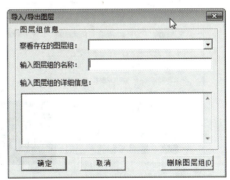

图 4-68

2. 拾取过滤器

拾取过滤是指光标能够拾取到屏幕上的图形元素，拾取到的图形元素被加亮显示。

导航过滤是指光标移动到要拾取的图形元素附近时，图形能够加亮显示。

如图4-69所示，未被勾选的元素类型或颜色，将不可被选中。

（1）单击"设置"下拉菜单中"拾取过滤设置"，或直接单击按钮 ，弹出拾取过滤设置对话框，如图4-69所示。

（2）如果要修改图形元素的类型、拾取时的导航加亮设置和图形元素的颜色，只要直接单击复选框即可。对于图形元素的类型和图形元素的颜色，可以单击下方的"选择所有颜色（S）"和"清除所有颜色（D）"的按钮即可。

（3）要修改拾取盒的大小，只要拖动下方的滚动条就可以。

图形元素的类型：体上的顶点、体上的边、体上的面、空间曲线、空间曲线端点、空间点、草图曲线端点、草图点、空间直线、空间圆（弧）、空间样条、草图直线和草图样条，如图4-69所示。

拾取时的导航加亮设置：加亮草图曲线、加亮空间曲面和加亮空间曲线。

图形元素的颜色：图形元素的各种颜色。

系统拾取盒大小：拾取元素时，系统提示导航功能。拾取盒的大小与光标拾取范围成正比。当拾取盒较大时，光标距离要拾取到的元素较远时，也可以拾取上该元素。

3. 当前颜色

设置系统当前颜色。

（1）单击"设置"下拉菜单中"当前颜色"，或者直接单击按钮，可弹出如图4-70所示对话框。

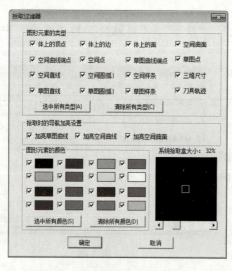

图 4-69

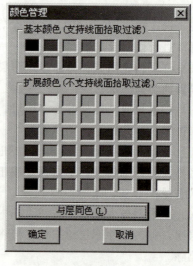

图 4-70

（2）可以选择基本颜色或扩展颜色中任意颜色，单击"确定"按钮。

与层同色：是指当前图形元素的颜色与图形元素所在层的颜色一致。

任务 5　完成轴承座三维线架建模

🔧 任务实施

（1）启动 CAXA 制造工程师 2016，以"任务 4-5.mxe"为文件名，保存至 D 盘根目录下"CAXA 机械制造工程师"文件夹内。

（2）绘制底面长方形。按 F5 键，选择 XY 平面为作图平面，点击"曲线生成"工具栏中"矩形"命令 □，绘图方式为"中心_长_宽"、"长度=240"、"宽度=55"，按状态栏提示点击坐标原点，作为矩形的中心点，按 F3 键，显示全部图形，如图 4-71 所示。

图 4-71

（3）绘制水平中心线。点击 右侧下三角，在弹出的下拉菜单中，选中红色为当前颜色，点击"曲线生成"工具栏直线命令 ，绘图方式为"两点线"、"单个"、"点方式"，其余默认，依次点击矩形两垂直边中点，作水平线，如图 4-72 所示。

（4）绘制垂直线并偏移，得到 4 个 φ13 孔中心线。点击"曲线生成"工具栏直线命令 ，绘图方式为"两点线"、"单个"、"点方式"，其余默认，依次点击矩形两水平边中点，作垂线。

点击曲线生成栏等距线命令 ，工作方式为"单根曲线"、"等距"、"距离=90"，根据状态栏提示，点击刚才绘制的垂直线为等距对象，等距方向左，再选取垂直线，等距方向向右，修改"距离=42.5"，点击垂直线两次，得到另两条垂直线，完成后如图 4-73 所示。

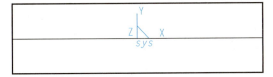

图 4-72　　　　　　　　　图 4-73

（5）绘制 4 个 φ13 孔。点击 右侧下三角，在弹出的下拉菜单中，选中"层颜色"为当前颜色，点击"曲线生成栏"中画圆命令 ，绘图方式为"圆心_半径"，按状态提示栏点击交点，输入半径 6.5，右键确认，重复在其他相应位置绘制 φ13 孔，得到如图 4-74 所示图形。

（6）等距距离为 110 的两垂直线。点击曲线生成栏等距线命令 ，工作方式为"单根曲线"、"等距"、"距离=55"，根据状态栏提示，点击刚才绘制的垂直线为等距对象，等距方向左，再选取垂直线，等距方向向右，如图 4-75 所示。

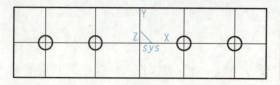

图 4-74　　　　　　　　　　　　图 4-75

(7) 绘制 $R15$、$R25$ 圆弧。点击"曲线生成栏"中画圆命令 ⊕，绘图方式为"圆心_半径"，按状态提示栏点击左侧中心线交点，输入半径 15，右键确认，重复在右侧中心线交点点击，输入 15，右键确认，得到两 $\phi15$ 的圆。

点击中间两中心线交点，半径 25，得到如图 4-76 所示。

(8) 裁剪多余曲线。点击曲线编辑栏曲线裁剪命令 ，裁剪方式为"快速裁剪"、"正常裁剪"，点击需要裁剪的多余曲线，右键确认，如图 4-77 所示。

图 4-76　　　　　　　　　　　　图 4-77

(9) 等距相距 90 两直线的左侧一条直线。点击曲线生成栏等距线命令 ，工作方式为"单根曲线"、"等距"、"距离＝45"，根据状态栏提示，点击垂直中心线为等距对象，等距方向左，右键确认，如图 4-78 所示。

(10) 裁剪多余曲线。点击曲线编辑栏曲线裁剪命令 ，裁剪方式为"快速裁剪"、"正常裁剪"，点击刚才等距的直线需要裁剪的部分，右键确认，如图 4-79 所示。

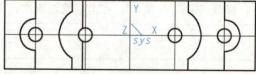

图 4-78　　　　　　　　　　　　图 4-79

(11) 等距 $R32$、$R25$ 两圆弧在水平面投影直线。点击曲线生成栏等距线命令 ，工作方式为"单根曲线"、"等距"、"距离＝32"，根据状态栏提示，点击垂直中心线为等距对象，等距方向左。

点击曲线生成栏等距线命令 ，工作方式为"单根曲线"、"等距"、"距离＝25"，根据状态栏提示，点击垂直中心线为等距对象，等距方向左，如图 4-80 所示。

(12) 等距间距为 31 的两水平直线。点击曲线生成栏等距线命令 ，工作方式为"单根曲线"、"等距"、"距离＝15.5"，根据状态栏提示，点击水平中心线为等距对象，等距方向上，点击水平直线，方向向下，右键确认，如图 4-81 所示。

(13) 裁剪两垂直线。点击曲线编辑栏曲线裁剪命令 ，裁剪方式为"快速裁剪"、"正常裁剪"，点击需要裁剪的多余垂直曲线，右键确认，如图 4-82 所示。

（14）镜像垂直线。点击"几何变换"工具栏"平面镜像"命令 ，根据状态栏提示，分别拾取垂直中心线上任意两点为镜像轴点的两个点，点取刚才修剪的三段直线 $L1$、$L2$、$L3$，及 $L4$、$L5$ 两直线，右键确认，如图 4-83 所示。

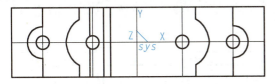

图 4-80　　　　　　　　　　　　图 4-81

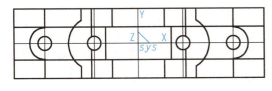 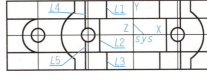

图 4-82　　　　　　　　　　　　图 4-83

（15）裁剪两水平线。点击曲线编辑栏曲线裁剪命令 ，裁剪方式为"修剪"、"正常裁剪"，按状态栏提示，点击 $L2$、$L4$ 为剪刀线，点击 $P1$、$P2$、$P3$、$P4$ 四个位置，裁剪掉两水平线多余的部分，右键确认，如图 4-84 所示。

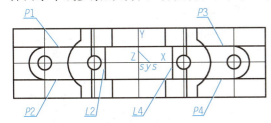 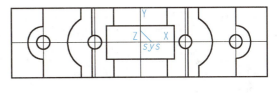

图 4-84

（16）绘制与 $R15$ 圆弧相切直线。点击"曲线生成"工具栏直线命令 ，绘图方式为"两点线"、"单个"、"点方式"、"正交"，依次作 4 段与 $R15$ 圆弧相切水平线，如图 4-85 所示。

（17）绘制 78 乘 65 矩形。因凸出的半圆柱半径为 $R39$，总长为 65，故可直接作一矩形得到。

点击"曲线生成"工具栏中"矩形"命令 ，绘图方式为"中心_长_宽"、"长度＝78"、"宽度＝65"，按状态栏提示点击坐标原点，作为矩形的中心点，如图 4-86 所示。

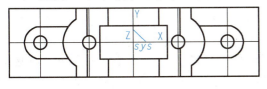 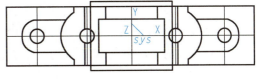

图 4-85　　　　　　　　　　　　图 4-86

（18）裁剪矩形两水平线。点击曲线编辑栏曲线裁剪命令 ，裁剪方式为"修剪"、

"正常裁剪"，按状态栏提示，点击矩形两竖直线为剪刀线，右键确认后，再点击矩形内两水平线，右键确认，如图 4-87 所示。

（19）裁剪矩形两垂直边。点击曲线编辑栏曲线裁剪命令，裁剪方式为"修剪"、"正常裁剪"，按状态栏提示，点击两间距为 55 直线为剪刀线，右键确认后，再点击矩形两垂直边，右键确认，如图 4-88 所示。

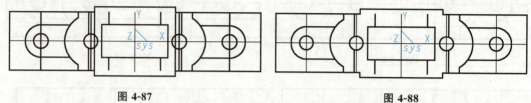

图 4-87　　　　　　　　　　图 4-88

（20）延长 4 段竖直线。点击曲线编辑栏曲线裁剪命令，裁剪方式为"线裁剪"、"正常裁剪"，按状态栏提示，点击矩形下方水平边为剪刀线，点击其上方两竖直线端点，延长到该水平线，右键确认后，再点击矩形上方水平线，点击其矩形方两竖直线端点，延长到该水平线，右键确认，如图 4-89 所示。

（21）平移底面。点击"几何变换"栏平移命令，移动方式"偏移量"、"拷贝"、"DY=－30"，选中底座边框图线，右键确认，如图 4-90 所示。

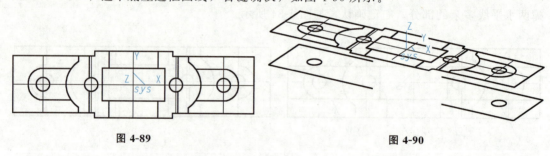

图 4-89　　　　　　　　　　图 4-90

DY=－30 表示所选中图线向下偏移 30。

（22）用直线连接断开处。点击"曲线生成"工具栏直线命令，绘图方式为"两点线"、"单个"、"点方式"、"正交"，依次点击两断开处直线端点进行连接，如图 4-91 所示。

（23）绘制四条棱边。按 F9 键，将工作平面切换至 YZ 平面，或 XZ 平面，点击"曲线生成"工具栏直线命令，绘图方式为"两点线"、"单个"、"点方式"、"正交"，依次点击矩形 4 个顶点，如图 4-92 所示。

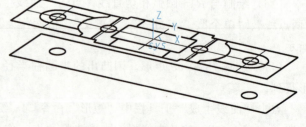

图 4-91

（24）设置图层，隐藏底部结构。单击"标准工具栏"中层设置命令→"新建图层"→"底部结构"→双击对应颜色块，将其改成黄色→双击对应状态块，改为锁定→双击可见性，改为隐藏，如图 4-93 所示。

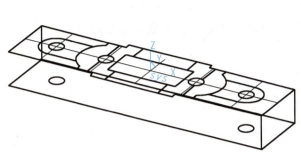
图 4-92

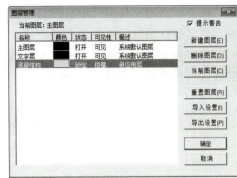
图 4-93

单击主菜单中"编辑"→"层修改"(见图 4-94),按状态栏提示,拾取底座需要隐藏的元素,右键确认所选结果,如图 4-95 所示。

图 4-94

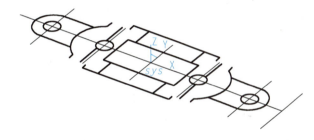
图 4-95

(25) 平移 R25 圆台,并裁剪多余曲线。点击"几何变换"栏平移命令,移动方式"偏移量"、"拷贝"、"DY=5",选中 R25 圆弧及相应图线,右键确认。

点击曲线编辑栏曲线裁剪命令,裁剪方式为"快速裁剪"、"正常裁剪",按状态栏提示,点击平移拷贝后得到的 R25 圆弧,如图 4-96 所示。

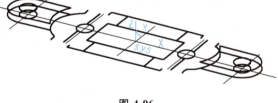
图 4-96

(26) 绘制棱边。点击"曲线生成"工具栏直线命令,绘图方式为"两点线"、"单个"、"点方式"、"正交",依次点击矩形 4 个顶点,如图 4-97 所示。

(27) 设置图层,隐藏 R25 圆

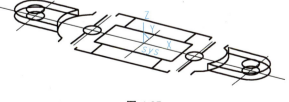
图 4-97

台。单击"标准工具栏"中层设置命令 →"新建图层"→"R25 圆台"→双击对应颜色块,将其改成绿色→双击对应状态块,改为锁定→双击可见性,改为隐藏。

单击主菜单中"编辑"→"层修改",按状态栏提示,拾取底座需要隐藏的元素,右键确认所选结果,如图 4-98 所示。

图 4-98

(28) 补齐图线,封闭轮廓。按 F9 键,将工作平面切换至 XY 平面,点击"曲线生成"工具栏直线命令 ,绘图方式为"两点线"、"单个"、"点方式"、"正交",依次封闭缺口,如图 4-99 所示。

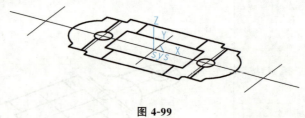

图 4-99

(29) 平移顶面,并裁剪多余曲线。点击"几何变换"栏平移命令 ,移动方式"偏移量"、"拷贝"、"DY=50",选中相应图线,右键确认。

点击曲线编辑栏曲线裁剪命令 ,裁剪方式为"快速裁剪""正常裁剪",按状态栏提示裁剪多余图线,如图 4-100 所示。

(30) 平移 R39 半圆柱平面。点击"几何变换"栏平移命令 ,移动方式"偏移量"、"拷贝"、"DY=40",选中相应图线,右键确认,如图 4-101 所示。

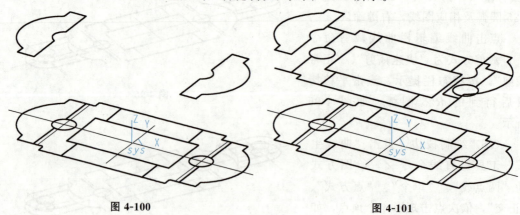

图 4-100　　　　　　　　　　图 4-101

(31) 裁剪多余直线。点击曲线编辑栏曲线裁剪命令 ,裁剪方式为"快速裁剪"、"正常裁剪",按状态栏提示裁剪多余图线,如图 4-102 所示。

(32) 绘制棱边。按 F9 键，将工作平面切换至 YZ 平面或 XZ 平面，点击"曲线生成"工具栏直线命令 ∕，绘图方式为"两点线""单个""点方式""正交"，将左端各端点参照图 4-63 绘制棱边，如图 4-103 所示。

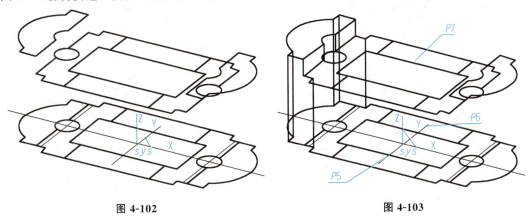

图 4-102　　　　　　　　　　图 4-103

(33) 镜像棱边。点击"几何变换"栏镜像命令 ，镜像方式为"拷贝"，按状态栏提示，分别点击 P5、P6、P7（直线中点）三点，按"F7"键，拉框选中所绘棱线，右键确认，如图 4-104 所示。

(34) 设置图层，隐藏支撑部分。单击"标准工具栏"中层设置命令 →"新建图层"→"支撑"→双击对应颜色块，将其改成黑色→双击对应状态块，改为锁定→双击可见性，改为隐藏。

单击主菜单中"编辑"→"层修改"，按状态栏提示，拾取支撑部分需要隐藏的元素，右键确认所选结果，如图 4-105 所示。

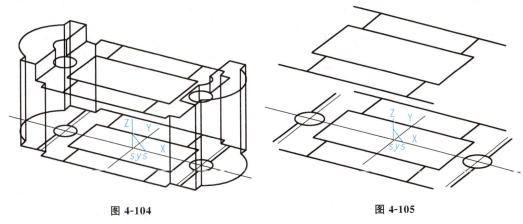

图 4-104　　　　　　　　　　图 4-105

(35) 绘制 R39、R32、R25 半圆。按 F9 键，将工作平面切换至 XZ 平面，点击"曲线生成"工具栏整圆命令 ，绘制 R39、R32、R25 圆，如图 4-106 所示。

(36) 裁剪多余圆弧。点击曲线编辑栏曲线裁剪命令 ，裁剪方式为"快速裁剪"、"正常裁剪"，按状态栏提示裁剪多余图线，如图 4-107 所示。

项目4 线架建模

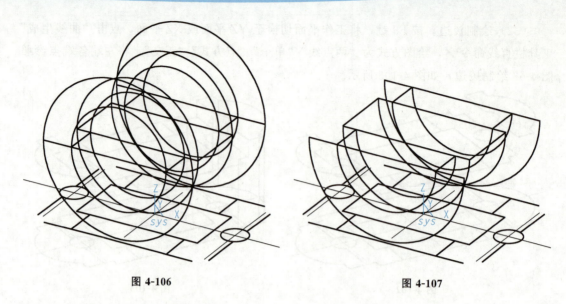

图 4-106　　　　　　　　　　　　　图 4-107

(37) 平移 R39 圆弧并补棱边。点击"几何变换"栏平移命令，移动方式"偏移量"、"拷贝"、"DY=5"，选中前半圆，右键确认，将"DY="改为"-5"，点击后半圆，右键确认，如图 4-108 所示。

按 F9 键，将工作平面切换至 XY 平面，点击"曲线生成"工具栏直线命令，绘图方式为"两点线"、"单个"、"点方式"、"正交"，用 4 段直线分别连接 4 个 R39 圆弧端点，如图 4-109 所示。

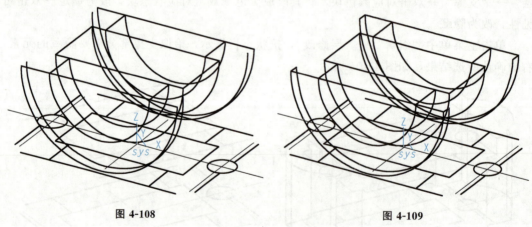

图 4-108　　　　　　　　　　　　　图 4-109

(38) 裁剪多余直线。点击曲线编辑栏曲线裁剪命令，裁剪方式为"快速裁剪"、"正常裁剪"，按状态栏提示裁剪多余图线，如图 4-110 所示。

(39) 隐藏半圆柱结构至"支撑"图层。单击主菜单中"编辑"→"层修改"，按 F7，将视图转换到前视图位置，拉框选择之前生成的半圆柱结构，按 F8 键切换至轴测状态，核实图线选择情况，右键确认所选结果，如图 4-111 所示。

(40) 隐藏剩余全部图线。点击"标准工具栏"，"层设置"命令，对弹出的对话框，点击"新建图层"按钮，将层名改为"多余图线"，颜色改为"蓝色"，状态为"锁定"，可见性为"隐藏"，如图 4-112 所示。

单击主菜单中"编辑"→"层修改",按"W"键,选中剩余的所有图线,右键,在弹出的对话框中点选"多余图线"层,确定,右键结束。

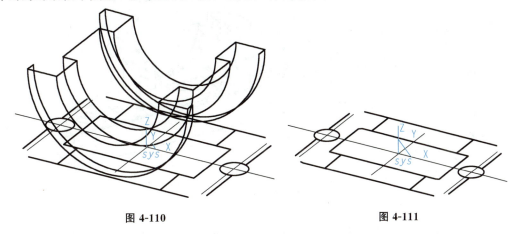

图 4-110　　　　　　　　　　　　图 4-111

(41) 绘制底座通槽。点击"标准工具栏","层设置"命令 ，对弹出的对话框,点击"底部结构"状态条,将"锁定"改为"打开",可见性改为"可见",如图 4-113 所示。

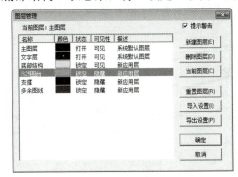 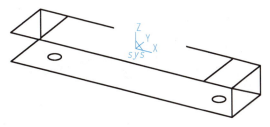

图 4-112　　　　　　　　　　　　图 4-113

按 F9 键,将工作平面切换至 XY 平面,点击曲线生成栏等距线命令 ，工作方式为"单根曲线""等距""距离=55",根据状态栏提示,点击底座右左下角 Y 方向边为等距对象,等距方向右,"距离="改为"100",点击刚才等距所得直线,方向向右,同样,等距得底座右下角直线,如图 4-114 所示。

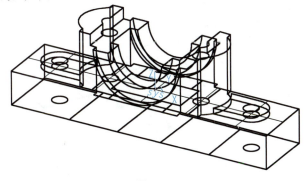

图 4-114

按 F9 键，将工作平面切换至 YZ 平面，点击"曲线生成"工具栏直线命令 ∕ ，绘图方式为"两点线""单个""正交""长度方式""长度=5"，绘制 8 段直线段，如图 4-115 所示。

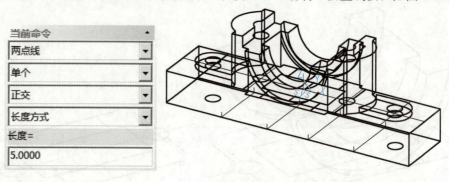

图 4-115

按 F9 键，将工作平面切换至 XY 平面，点击"曲线生成"工具栏直线命令 ∕ ，绘图方式为"两点线""单个""正交""点方式"，用 8 段直线分别连接刚才所绘 8 段直线段，如图 4-116 所示。

点击曲线编辑栏曲线裁剪命令 ，裁剪方式为"快速裁剪""正常裁剪"，按状态栏提示裁剪多余图线，如图 4-117 所示。

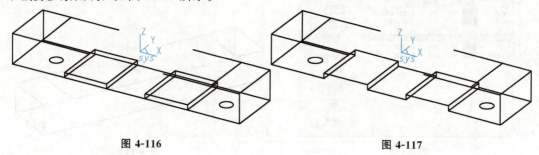

图 4-116　　　　　　　　　图 4-117

（42）绘制螺栓凹槽。点击曲线生成栏等距线命令 ，工作方式为"单根曲线""等距""距离=15"，根据状态栏提示，点击 $L7$ 为等距对象，等距方向向内侧，得到直线 $L11$，同样等距 $L8$、$L9$、$L10$ 直线，得到直线 $L12$、$L13$、$L14$，如图4-118所示。

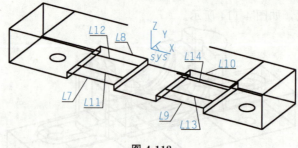

图 4-118

点击"几何变换"栏平移命令 ，移动方式为"偏移量""拷贝""DZ=15"，选中 $L11$、$L12$、$L13$、$L14$ 直线，右键确认，如图 4-119 所示。

118

任务5　完成轴承座三维线架建模

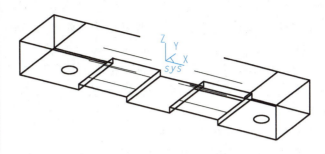

图 4-119

按F9键，将工作平面切换至YZ平面，点击"曲线生成"工具栏直线命令／，绘图方式为"两点线""单个""正交""点方式"，绘制8段棱边，如图4-120所示。

按F9键，将工作平面切换至XY平面，点击"曲线生成"工具栏直线命令／，绘图方式为"两点线""单个""正交""点方式"，绘制4段水平线，连接8条棱边，如图4-121所示。

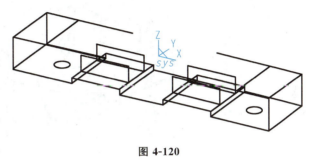

图 4-120

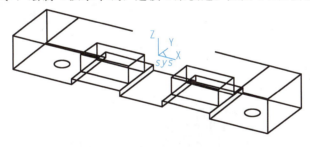

图 4-121

点击"标准工具栏"，"层设置"命令，对弹出的对话框，点击"多余直线"图层状态条，将"锁定"改为"打开"，可见性改为"可见"，确定，关闭对话框，得如图4-122所示。

点击"几何变换"栏平移命令，移动方式"偏移量""拷贝""DZ＝－10"，选中"多余直线"层上两 φ13 圆，右键确认，如图4-115所示。

单击主菜单中"编辑"→"层修改"，点选刚平移拷贝的两个 φ13 的圆，右键，在弹出的对话框中点选"底部结构"层，确定，右键结束。

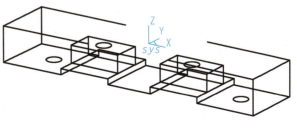

图 4-122

项目4 线架建模

点击"标准工具栏","层设置"命令 ![icon]，对弹出的对话框，点击"多余直线"图层状态条，将"打开"改为"锁定"，可见性改为"隐藏"，确定，关闭对话框，得如图 4-122 所示。

（43）打开图层，最后修改。点击"标准工具栏","层设置"命令 ![icon]，对弹出的对话框，将"多余直线"图层外的所有图层状态改为"打开"，可见性改为"可见"，确定，关闭对话框。

删除多余曲线，如图 4-123 所示，$L15$、$L16$、$L17$、$L18$。

裁剪多余曲线，如图 4-123 所示，$C1$、$C2$、$C3$、$C4$。

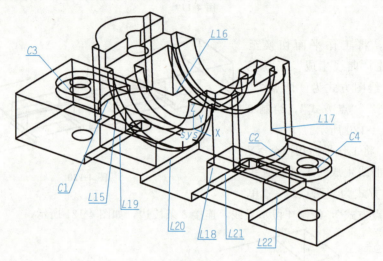

图 4-123

最终得如图 4-124 所示。

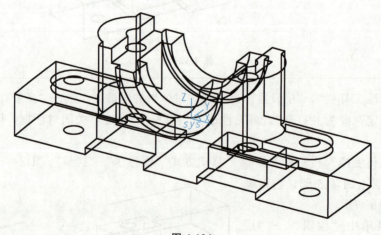

图 4-124

任务5 完成轴承座三维线架建模

任务考核

表 4-6 任务实施评价表

姓名：_____   班级：_____

序号	检测内容与要求	分值	学生自评（25%）	小组互评（25%）	教师评价（50%）
1	学习态度	5			
2	安全、规范、文明操作	5			
3	新建文件任务 4-5.mxe，并存到指定目录	10			
4	绘制底座长方形及相应圆、圆弧	10			
5	绘制至图 4-90	5			
6	绘制底座长方体，如图 4-92	5			
7	新建图层，隐藏底座	10			
8	平移 $R25$ 圆台，并裁剪多余曲线	5			
9	平移顶面，并裁剪多余曲线	5			
10	平移 $R39$ 半圆柱平面，裁剪多余曲线	5			
11	绘制棱边，如图 4-103	5			
12	绘制 $R39$、$R32$、$R25$ 半圆，如图 4-106	10			
13	绘制底座通槽，如图 4-116	5			
14	绘制底座凹坑及圆孔，如图 4-122	5			
15	裁剪得成图	10			
	总　分	100	合计：		
问题记录和解决办法	记录任务实施中出现的问题和采取的解决方法				

复习思考

4-1. CAXA 制造工程师 2016 文件能另存为哪些格式？

4-2. 在 CAXA 制造工程师中，鼠标滚轮有哪些用处？

4-3. 有哪些方法可以选取对象？

4-4. 主菜单"文件——并入文件"命令，能导入哪些格式的外部文件？

4-5. 当鼠标在球面上时，箭头附近显示什么？

4-6. 裁剪过程中，断开的多余线段怎样去除？

4-7. 复制图形可采取哪些方法？

项目 4　线架建模

4-8. 修剪曲线命令有哪些工作方式？
4-9. CAXA 制造工程师 2016 中圆弧有哪些绘制方法？
4-10. 等距线有哪两种方式？试述变等距线操作步骤。
4-11. 创建坐标系有哪五种方式？
4-12. 快捷键 F5、F6、F7、F8、F9 分别有哪些功能？
4-13. 旋转时，如何判断旋转方向？
4-14. 试述镜像曲面时的操作步骤？
4-15. 绘制习题 4-15 所示图形。

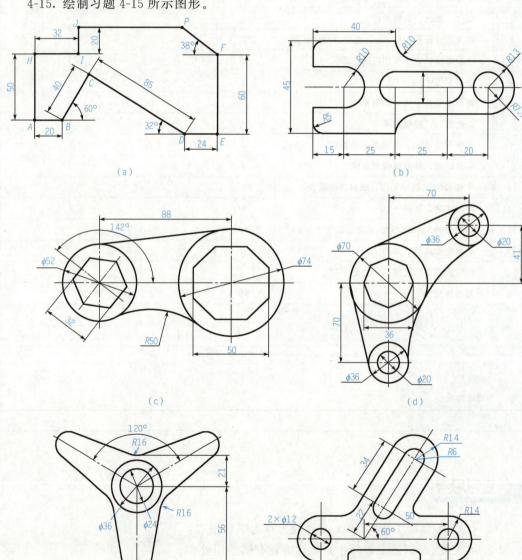

习题 4-15

4-16. 绘制习题 4-16 所示图形。

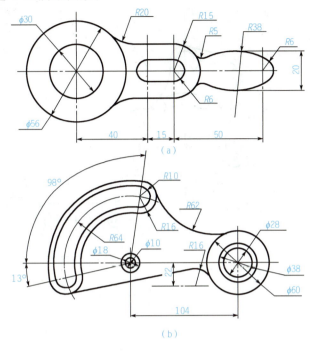

(a)

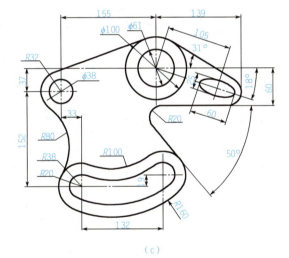

(b)

习题 4-16

项目 4　线架建模

4-17. 绘制习题 4-17 所示图形。

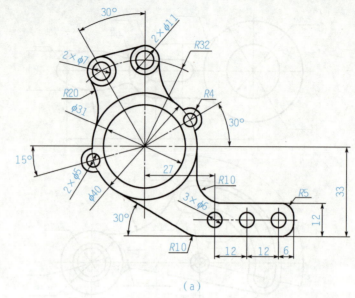

(a)

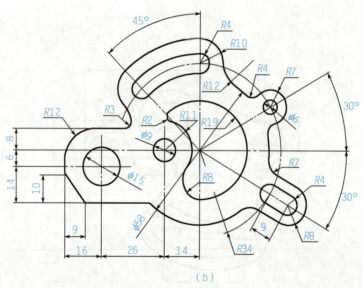

(b)

习题 4-17

4-18. 绘制习题 4-18 所示图形。

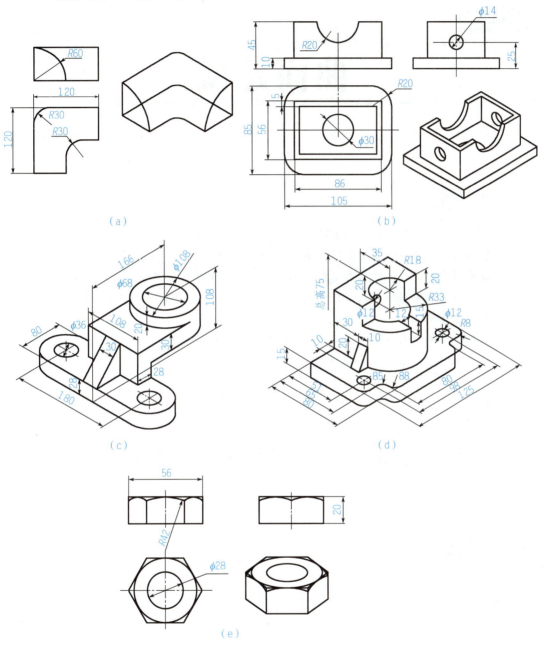

习题 4-18

项目 5

曲面建模

章前导读

CAXA 制造工程师从线框到曲面,提供了丰富的建模手段。可通过列表数据、数学模型、字体文件及各种测量数据生成样条曲线,通过旋转、扫描、放样、拉伸、导动、等距、边界网格等多种形式生成复杂曲面,并可对曲面进行任意裁剪、过渡、拉伸、缝合、拼接、相交和变形等,建立任意复杂的零件模型。通过曲面模型生成的真实感图,可直观显示设计结果。

本项目以灯罩、五角星、1/4 半圆弯头曲面的绘制等任务,介绍 CAXA 制造工程师 2016 曲面建模各子功能及软件操作。

任务 1　完成灯罩的曲面建模

本次任务主要是学习用 CAXA 制造工程师绘制灯罩的曲面,如图 5-1 所示。

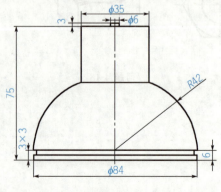

图 5-1

相关知识

旋转面:位于曲面生成栏旋转面命令 🔔 。

按给定的起始角度,终止角度将曲线绕一旋转轴旋转而生成的轨迹曲面。

任务实施

(1) 启动 CAXA 制造工程师 2016,以"任务 5-1.mxe"为文件名,保存至 D 盘根目录下"CAXA 机械制造工程师"文件夹内。

(2) 选择 XY 平面为空间平面。

按 F5 键,选择 XY 平面为空间平面。

(3) 绘制长度 100 的辅助线。

点击曲线栏直线命令 ╱,以坐标原点为零点,在立即菜单中选择"水平/铅垂线"→"水平+铅垂"→"长度=100",在绘图区点击坐标原点,如图 5-2 所示。

(4) 绘制半边灯罩。

点击曲线栏等距线命令 🔄 ,选择"单根曲线→等距"方式,设置"距离"为 3,点中水平辅助线为中心,左键点击向上箭头,如图 5-3 所示。同样绘制铅垂辅助线向右的等距线,如图 5-4 所示。选择线面编辑栏 🔄 🔄 中"曲线剪裁"功能 🔄 ,选择"快速剪裁→正常剪裁",点击多余线段,得到如图 5-5 所示。

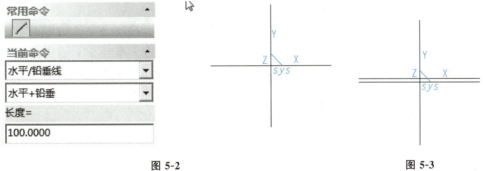

图 5-2   图 5-3

点击曲线栏等距线命令 🔄 ,设置"距离"为 17.5,点中铅垂辅助线为中心,左键点击向右箭头,得到如图 5-6 所示。

图 5-4   图 5-5   图 5-6

项目5 曲面建模

点击曲线栏整圆命令 ⊙，按回车键输入"0，-69"确定，再按回车键输入"42"确定，画出 R42 圆弧，得到如图 5-7 所示。

点击曲线栏等距线命令，设置"距离"为 75，点中水平辅助线为中心，左键点击向下箭头，得到如图 5-8 所示。

点击曲线栏等距线命令，设置"距离"为 3，点中下方刚生成的水平线，左键点击向上箭头，重复上一步骤，得到如图 5-9（a）所示。

点击曲线栏等距线命令，设置"距离"为 42，点中零点铅垂线，左键点击向右箭头；点击线面编辑栏曲线拉伸，延长刚生成的线段；再次设置"距离"为 3，点中刚生成的线段，左键点击向左箭头，得到如图 5-9（b）所示。

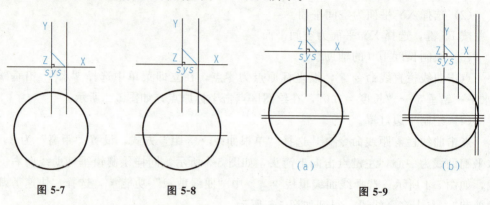

图 5-7　　　　　图 5-8　　　　　图 5-9

剪辑多余线段，得到如图 5-10 所示。

尖角处倒 R0.2 圆角，点击线面编辑栏曲线过度，"圆弧过度—半径 0.2"，直线圆弧相交处倒 R5 圆角，点击线面编辑栏曲线过度，"圆弧过度—半径 5"；点击线面编辑栏曲线组合，点中起始线段，选择连接方向，点击右键确认。得到如图 5-11 所示。

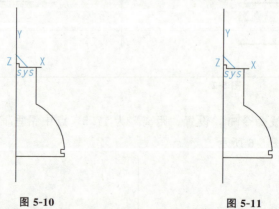

图 5-10　　　　　　　图 5-11

（5）旋转半边灯罩。

点击曲面生成栏旋转面命令，选中旋转轴线，选择方向；左键选中半边灯罩曲线，完成曲面。得到如图 5-12 所示。

任务2 完成五角星曲面

图 5-12

任务考核

表 5-1 任务实施评价表

姓名：＿＿＿＿＿＿＿＿＿＿　　　　　　　　　　　　班级：＿＿＿＿＿＿＿＿＿＿

序号	检测内容与要求	分值	学生自评（25％）	小组互评（25％）	教师评价（50％）
1	学习态度	5			
2	安全、规范、文明操作	5			
3	新建文件任务 5-1.mxe，并存到指定目录	10			
4	绘制长度 100 的水平铅垂线	10			
5	设置当前层颜色	10			
6	绘制小凸台	10			
7	绘制半边灯罩	10			
8	裁剪修改多余的线段尖角处倒圆角	10			
9	曲线组合半边灯罩	15			
10	旋转面获得灯罩曲面	15			
总　　分		100	合计：		
问题记录和解决办法	记录任务实施中出现的问题和采取的解决方法				

任务 2　完成五角星曲面

任务引入

按图所示尺寸绘制直径为 φ200 mm，高度为 15 mm 的立体五角星线框图形，如图 5-13 所示。

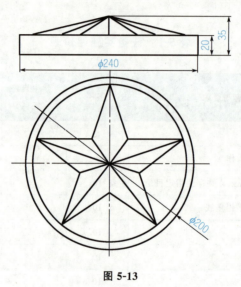

图 5-13

相关知识

直纹面：由一根直线两端点分别在两曲线上匀速运动而形成的轨迹曲面。

任务实施

(1) 启动 CAXA 制造工程师 2016，以"任务 5-2.mxe"为文件名，保存至 D 盘根目录下"CAXA 机械制造工程师"文件夹内。

(2) 选择 XY 平面为空间平面。按 F5 键，选择 XY 平面为空间平面。

(3) 绘制长度 300 的辅助线。点击曲线栏直线命令 ，以坐标原点为零点，在立即菜单中选择"水平/铅垂线"→"水平＋铅垂"→"长度＝300"，在绘图区点击坐标原点，如图 5-14 所示。

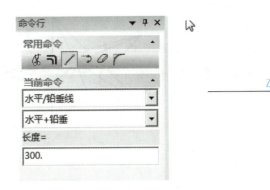

图 5-14

(4) 绘制五边形。点击曲线栏整圆命令 ⊕，选中零点为圆心，输入半径 100，确定；点击曲线栏正多边形命令 ⌬，选择"中心－边数 5－内接"，选中零点为中心，再次点击圆 90 度方向与圆相接，如图 5-15 所示。

 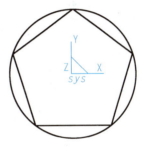

图 5-15

(5) 绘制五角星。点击曲线栏直线命令 ╱，连接五边形五点；剪裁多余曲线，如图 5-16 所示。

图 5-16

(6) 绘制五角星空间线架。点击曲线栏直线命令 ╱，连接五边形一点，另一点输入坐标 "0,0,15"；依次连上其余几点，如图 5-17 所示。

(7) 绘制圆台框架。点击曲线栏整圆命令 ⊕，选中零点为圆心，输入半径 120，确定；点击几何变换栏平移命令 ⌘，选择"偏移量－拷贝－DZ＝－20"选中刚才所画整圆，确定，如图 5-18 所示。

项目5　曲面建模

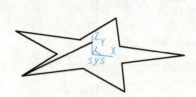

图 5-17

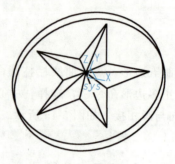

图 5-18

（8）连成曲面。点击曲面生成栏直纹面命令，选中两条相邻五角星空间线架，依次拾取；同理完成圆台边框，点击曲面生成栏平面命令，选中圆框，选择方向，右键确认，完成图形。如图 5-19 所示。

图 5-19

任务考核

表 5-2　任务实施评价表

姓名：_____　　　　　　　　　　　班级：_____

序号	检测内容与要求	分值	学生自评（25%）	小组互评（25%）	教师评价（50%）
1	学习态度	5			
2	安全、规范、文明操作	5			

续表

序号	检测内容与要求	分值	学生自评（25%）	小组互评（25%）	教师评价（50%）
3	新建文件任务 5-2.mxe，并存到指定目录	10			
4	绘制长度 300 的水平铅垂线	10			
5	绘制五边形	10			
6	绘制五角星	10			
7	构建五角星空间框架	10			
8	构建圆台空间框架	10			
9	直纹面获得五角星曲面、圆台曲面	15			
10	平面获得圆台平面	15			
	总　　分	100	合计：		
问题记录和解决办法	记录任务实施中出现的问题和采取的解决方法				

任务3　1/4 半圆弯头曲面

任务引入

按图所示尺寸绘制 1/4 半圆弯头曲面图形，如图 5-20 所示。

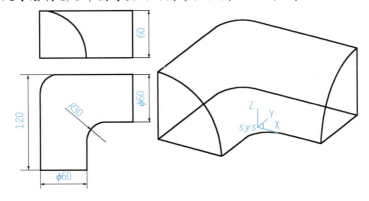

图 5-20

项目 5　曲面建模

相关知识

三边面：由已知三条曲线围成的边界区域上生成曲面。

扫描面：按照给定的起始位置和扫描距离将曲线沿指定方向以一定的锥度扫描生成曲面。

放样面：以一组互不相交、方向相同、形状相似的特征线（或截面线）为骨架蒙面生成的曲面。

任务实施

（1）启动 CAXA 制造工程师 2016，以"任务 5-3.mxe"为文件名，保存至 D 盘根目录下"CAXA 机械制造工程师"文件夹内。

（2）选择 XY 平面为空间平面。按 F5 键，选择 XY 平面为空间平面。

（3）绘制长度 300 的辅助线。点击曲线栏直线命令 ╱，以坐标原点为零点，在立即菜单中选择"水平/铅垂线"→"水平＋铅垂"→"长度＝300"，在绘图区点击坐标原点，如图 5-21 所示。

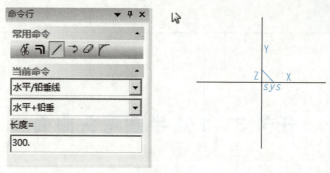

图 5-21

（4）绘制底平面图。点击曲线栏等距线命令 ⤴，选择"单根曲线→等距"方式，设置"距离"为 60，水平铅垂线为中心，分别选择向下和向右；同上设置"距离"为 120，圆弧处倒圆；剪裁多余曲线，点击线面编辑栏曲线组合命令 ⤵，选中起始线段，选择方向，右键确定；点击曲线栏直线命令 ╱，选择"两点线"连接开口，如图 5-22 所示。

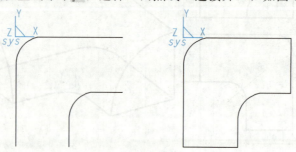

图 5-22

（5）绘制空间框架。点击 F6 切换平面，画出 R60 圆弧，再切换到 F7 平面画出圆弧；将较长边外框向高度方向移动 60 mm，如图 5-23 所示。

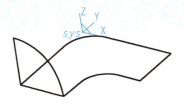 

图 5-23

（6）曲面生成。点击曲面生成栏直纹面命令，选中底面两条相邻线架，点击确认；同上完成侧面边框；点击曲面生成栏边界面命令，选择三边面，选中 1/4 圆三条边，右键确认，同上完成另一边；点击曲面生成栏导动面命令，选择双导动线，选中在上方的一条导动线以及内拐处的一条导动线，方向同向，再选中 1/4 圆，完成曲面。如图 5-24 所示。

图 5-24

任务考核

表 5-3　任务实施评价表

姓名：_____　　　　　　　　　　　　　　　　班级：_____

序号	检测内容与要求	分值	学生自评（25%）	小组互评（25%）	教师评价（50%）
1	学习态度	5			
2	安全、规范、文明操作	5			
3	新建文件任务 5-3.mxe，并存到指定目录	10			
4	绘制长度 300 的水平铅垂线	10			
5	绘制底平面图	10			
6	绘制空间框架	15			
7	直纹面生成底面、侧面	15			
8	三边面生成两个 1/4 圆面	15			

项目5 曲面建模

续表

序号	检测内容与要求	分值	学生自评（25%）	小组互评（25%）	教师评价（50%）
9	导动面生成管道曲面	15			
	总分	100			
			合计：		
问题记录和解决办法	记录任务实施中出现的问题和采取的解决方法				

复习思考

5-1. 如何快速的去除多余线段？

5-2. 尖角处为何要倒圆角？

5-3. 修剪曲线命令有哪些工作方式？

5-4. 如何正确地选择直纹面两边的落点？

5-5. 如何更好地选择导动线导动方向？

5-6. 尝试使用导动面其他功能。

5-7. 除导动面外，还能使用何种方式生成曲面？

5-8. 是否可以使用更好的方法绘制底座曲面？

5-9. 曲面过渡和曲面拼接有何区别？

项目 6

特征造型

章前导读

特征设计是制造加工的重要组成部分。本课程采用精确的特征实体造型技术，完全抛弃了传统的体素合并和交并差的烦琐方式，将设计信息用特征术语来描述，使整个设计过程直观、简单、准确。

通常的特征包括孔、槽、型腔、点、凸台、圆柱体、块、锥体、球体、管子等，CAXA 可以方便地建立和管理这些特征信息。在本章中将详细介绍各种实体造型的方法。

任务 1　完成轴承支座实体造型

任务引入

本任务以绘制轴承支座实体造型，介绍 CAXA 制造工程师 2016 软件的操作，以熟悉 CAXA 制造工程师 2016 的功能特点，造型的基本知识。

相关知识

1. 草图绘制

草图绘制是特征生成的关键步骤。草图，也称轮廓，是特征生成所依赖的曲线组合。草图是为特征造型准备的一个平面封闭图形。

绘制草图的过程可分为：
(1) 确定草图基准平面。
(2) 选择草图状态。
(3) 图形的绘制。

(4) 图形的编辑。

(5) 草图参数化修改。

2. 确定基准平面

草图中曲线必须依赖于一个基准面，开始一个新草图前必须选择一个基准面。基准面可以是特征树中已有的坐标平面（如 XY，XZ，YZ 坐标平面），也可以是实体中生成的某个平面，还可以是构造出的平面。选择基准平面很简单，只要用鼠标点取特征树中平面（包括三个坐标平面和构造的平面）的任何一个，或直接用鼠标点取已生成实体的某个平面就可以了。

基准平面是草图和实体赖以生存的平面。因此，为用户提供方便、灵活的构造基准平面的方法将是非常重要的。CAXA 制造工程师中提供了"等距平面确定基准平面"、"过直线与平面成夹角确定基准平面"、"生成曲面上某点的切平面"、"过点且垂直于曲线确定基准平面"、"过点且平行平面确定基准平面"、"过点和直线确定基准平面"和"三点确定基准平面"等 7 种构造基准平面的方式，从而大大提高了实体造型的速度。

3. 操作步骤

(1) 单击"造型"，指向"特征生成"，选择"基准面"命令或单击 ◇ 按钮，出现"构造基准面"对话框，如图 6-1 所示。

(2) 在对话框中点取所需的构造方式，依照"构造方法"下的提示做相应操作，"确定"后，这个基准面就作好了。在特征树中，可见新增了刚刚做好的这个基准平面。

【举例】构造一个在 Z 轴负方向与 XY 平面上相距 50 mm 的基准面。

(1) 按 F8 键，使绘图区处于三坐标显示方式。

(2) 单击 ◇ 按钮，出现"构造基准面"对话框，如图 6-2 所示。

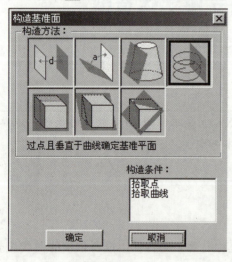

图 6-1

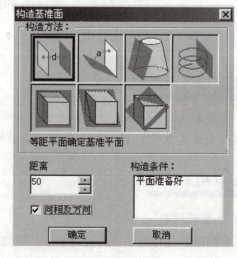

图 6-2

(3) 取第一个构造方法："等距平面确定基准平面"。

先用鼠标点击"构造条件"中的"拾取平面"，然后再点取特征树中的 XY 平面。这时，构造条件中的"拾取平面"显示"平面准备好"。同时，在绘图区显示的红色虚线框代表 XY 平面，绿色线框则表示将要构造的基准平面。

（4）"距离"中输入"50"。

（5）取"相反方向"，并"确定"。

经过以上 5 步，一个在 Z 轴负方向与 XY 平面上相距 50 mm 的基准面就做好了。

4. 选择草图状态

选择一个基准平面后，按下绘制草图 按钮，在特征树中添加了一个草图树枝，表示已经处于草图状态，开始了一个新草图。

5. 草图绘制

进入草图状态后，利用曲线生成命令绘制需要的草图即可。草图的绘制可以通过两种方法进行：第一，先绘制出图形的大致形状，然后通过草图参数化功能对图形进行修改，最终得到期望的图形。第二，也可以直接按照标准尺寸精确作图。

6. 编辑草图

在草图状态下绘制的草图一般要进行编辑和修改。在草图状态下进行的编辑操作只与该草图相关，不能编辑其他草图曲线或空间曲线。

图 6-3

退出草图状态后如果还想修改某基准平面上已有的草图，则只需在特征树中选取这一草图，按下绘制草图按钮 或将光标移到特征树的草图上，按右键在弹出的立即菜单中选择编辑草图，如图 6-3 所示，进入草图状态，也就是说这一草图被打开了。草图只有处于打开状态时，才可以被编辑和修改。

7. 草图参数化修改

在草图环境下可以任意绘制曲线，大可不必考虑坐标和尺寸的约束。对绘制的草图标注尺寸，接下来只需改变尺寸的数值，二维草图就会随着给定的尺寸值而变化、达到最终希望的精确形状，这就是草图参数化功能，也就是尺寸驱动功能。制造工程师还可以直接读取非参数化的 EXB、DXF、DWG 等格式的图形文件，在草图中对其进行参数化重建。草图参数化修改适用于图形的几何关系保持不变，只对某一尺寸进行修改的情况。

尺寸驱动模块中共有三个功能：尺寸标注、尺寸编辑和尺寸驱动。下面依次进行详细介绍。

1）尺寸标注

【功能】

在草图状态下，对所绘制的图形标注尺寸，如图 6-4 所示。

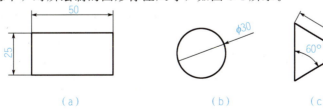

(a)　　　　　　　　(b)　　　　　　　　(c)

图 6-4

项目6 特征造型

【操作】
(1) 单击"造型",指向下拉菜单"尺寸",单击"尺寸标注",或者直接单击 按钮。
(2) 拾取尺寸标注元素,拾取另一尺寸标注元素或指定尺寸线的位置,操作完成。
【注意】
在非草图状态下,不能标注尺寸。

2) 尺寸编辑
【功能】
在草图状态下,对标注的尺寸进行标注位置上的修改,如图6-5所示。

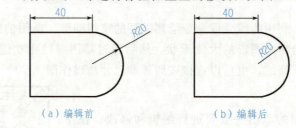

(a) 编辑前　　　　　　(b) 编辑后

图 6-5

(1) 单击"造型",指向下拉菜单"尺寸",单击"尺寸编辑"或者直接单击 按钮。
(2) 拾取需要编辑的尺寸元素,修改尺寸线位置,尺寸编辑完成。
【注意】
在非草图状态下,不能编辑尺寸。

3) 尺寸驱动
【功能】
尺寸驱动用于修改某一尺寸,而图形的几何关系保持不变,如图6-6所示。

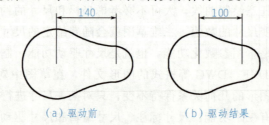

(a) 驱动前　　　　　　(b) 驱动结果

图 6-6

【操作】
(1) 单击"造型",指向下拉菜单"尺寸",单击"尺寸驱动"或者直接单击 按钮。
(2) 拾取要驱动的尺寸,弹出半径对话框。输入新的尺寸值,尺寸驱动完成。
【注意】
在非草图状态下,不能驱动尺寸。

8. 草图环检查

【功能】
用来检查草图环是否封闭。当草图环封闭时,系统提示"草图不存在开口环",当草图环不封闭时，系统提示"草图在标记处为开口状态"，并在草图中用红色的点标记出来，如图 6-7 所示。

图 6-7

【操作】

单击"造型"，单击"草图环检查"，或者直接单击 按钮，系统弹出草图是否封闭的提示。

【注意】

草图环检查按钮位于曲线工具条的最下边，位置较隐蔽。

9. 退出草图状态

当草图编辑完成后，单击绘制草图 按钮，按钮弹起表示退出草图状态。只有退出草图状态后才可以生成特征。

10. 拉伸增料

将一个轮廓曲线根据指定的距离做拉伸操作，用以生成一个增加材料的特征。

（1）单击"造型"，指向"特征生成"，再指向"增料"，单击"拉伸"或者直接单击 按钮，弹出拉伸加料对话框，如图 6-8 所示。

（2）选取拉伸类型，填入深度，拾取草图，单击"确定"完成操作。

【参数】

拉伸类型包括"固定深度"、"双向拉伸"和"拉伸到面"，如图 6-9 所示。固定深度是指按照给定的深度数值进行单向的拉伸。

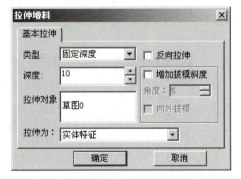 

图 6-8   图 6-9

深度：是指拉伸的尺寸值，可以直接输入所需数值，也可以点击按钮来调节。

拉伸对象：是指对需要拉伸的草图的选取。

反向拉伸：是指与默认方向相反的方向进行拉伸。

增加拔模斜度：是指使拉伸的实体带有锥度，如图 6-10 所示。

角度：是指拔模时母线与中心线的夹角。
向外拔模：是指与默认方向相反的方向进行操作，如图 6-11 所示。

图 6-10

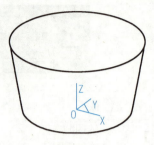
图 6-11

双向拉伸：是指以草图为中心，向相反的两个方向进行拉伸，深度值以草图为中心平分，可以生成实体，与图原点位置不同。

拉伸到面：是指拉伸位置以曲面为结束点进行拉伸，需要选择要拉伸的草图和拉伸到的曲面，如图 6-12 所示。

薄壁特征生成：

绘制完草图后（如图 6-13 所示），单击"造型"下拉菜单，指向"特征生成"，再指向"增料"，单击"拉伸"或者直接单击"拉伸增料" 按钮。

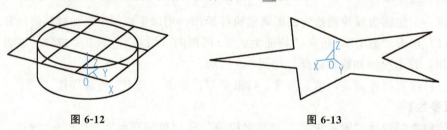

图 6-12　　　　　　　　　　　　　　图 6-13

如果绘制的草图图形是封闭的，系统会弹出默认的"基本拉伸"标签，如图 6-14 所示，也就是将草图拉伸为实体特征。单击并选择"拉伸为"下拉菜单中的"薄壁特征"，系统会自动弹出"薄壁特征"标签，如图 6-15 所示。

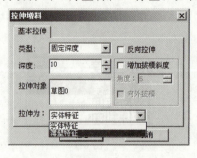
图 6-14

图 6-15

在"薄壁特征"标签中，选取相应的薄壁类型以及薄壁厚度，单击"确定"完成，如图 6-16 所示。

任务1 完成轴承支座实体造型

图 6-16

【注意】

完成后薄壁特征：

(1) 在进行"双面拉伸"时，拔模斜度可用。

(2) 在进行"拉伸到面"时，要使草图能够完全投影到这个面上，如果面的范围比草图小，会产生操作失败。

(3) 在进行"拉伸到面"时，深度和反向拉伸不可用。

(4) 在进行"拉伸到面"时，可以给定拔模斜度。

(5) 草图中隐藏的线不能参与特征拉伸。

(6) 在生成薄壁特征时，草图图形可以是封闭的也可以不是封闭的，不封闭的草图其草图线段必须是连续的。

11. 拉伸除料

将一个轮廓曲线根据指定的距离做拉伸操作，用以生成一个减去材料的特征。

(1) 单击"造型"，指向"特征生成"，再指向"除料"，单击"拉伸"或者直接单击 按钮，弹出拉伸除料对话框，如图6-17所示。

(2) 选取拉伸类型，填入深度，拾取草图，单击"确定"完成操作。

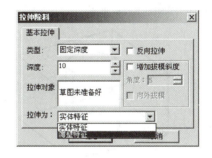

图 6-17

【参数】

拉伸类型包括"固定深度"、"双向拉伸"、"拉伸到面"和"贯穿"，如图6-18所示。

固定深度：是指按照给定的深度数值进行单向的拉伸，如图6-19所示。

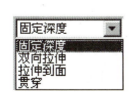

图 6-18

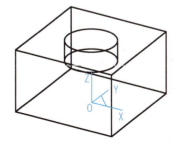

图 6-19

深度：是指拉伸的尺寸值，可以直接输入所需数值，也可以点击按钮来调节。

拉伸对象：是指对需要拉伸的草图的选取。

反向拉伸：是指与默认方向相反的方向进行拉伸。
增加拔模斜度：是指使拉伸的实体带有锥度，如图 6-20 所示。
角度：是指拔模时母线与中心线的夹角。
向外拔模：是指与默认方向相反的方向进行操作，如图 6-21 所示。

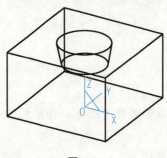 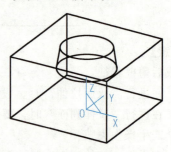

图 6-20　　　　　　　　　　　　　　图 6-21

双向拉伸：是指以草图为中心，向相反的两个方向进行拉伸，深度值以草图为中心平分。

贯穿：是指草图拉伸后，将基体整个穿透。如图 6-22 所示。

拉伸到面：是指拉伸位置以曲面为结束点进行拉伸，需要选择要拉伸的草图和拉伸到的曲面，如图 6-23 所示。

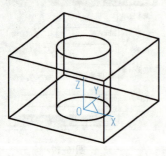 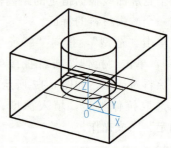

图 6-22　　　　　　　　　　　　　　图 6-23

还可以实现薄壁特征的除料生成。功能和使用方法基本与拉伸增料中的薄壁特征相同。这里就不复述了。

【注意】

(1) 在进行"双面拉伸"时，拔模斜度可用。

(2) 在进行"拉伸到面"时，要使草图能够完全投影到这个面上，如果面的范围比草图小，会产生操作失败。

(3) 在进行"拉伸到面"时，深度和反向拉伸不可用。

(4) 在进行"贯穿"时，深度、反向拉伸和拔模斜度不可用。

任务实施

用 CAXA 制造工程师 2016 完成轴承支座实体造型，如图 6-24 所示。

任务1　完成轴承支座实体造型

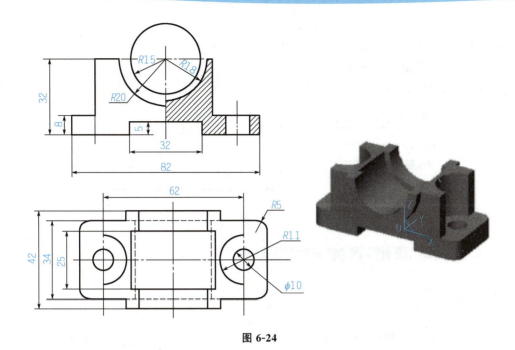

图 6-24

（1）启动 CAXA 制造工程师 2016，以"任务 6-1.mxe"为文件名，保存至 D 盘根目录下"CAXA 机械制造工程师"文件夹内。

（2）选择 XY 平面为草图平面。选择 XY 平面为草图平面，点击状态控制栏中（草图）按钮，进入草图 1 绘制环境。

（3）绘制长度 82×34 的矩形。点击曲线生成栏矩形命令□，以坐标原点为矩形中心，在立即菜单中选择"中心 _ 长 _ 宽"→"长度：82"→"宽度：34"，点击坐标原点，生成平面 4，如图 6-25 所示。

 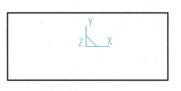

图 6-25

（4）绘制的矩形的 R5 倒角。点击线面编辑栏曲线过渡命令在立即菜单中选择"圆弧过渡"→"半径：82"→"曲线裁剪 1"→"曲线裁剪 2"，点击矩形一个角的两个边，依次对矩形其余三个角倒角，如图 6-26 所示。

（5）生成矩形底座。按 F2 键，退出草图 0 的编辑模式，点击特征生成栏拉升增料命令，在立即菜单中选择"固定深度"→"深度：8"→拉升对象"草图 0"→拉升为"实体特征"，回车确认，如图 6-27 所示。

项目6 特征造型

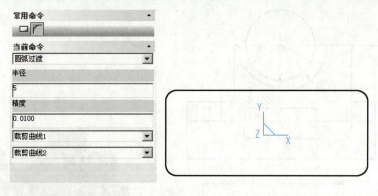

图 6-26

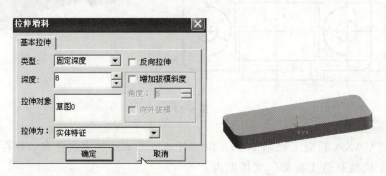

图 6-27

（6）生成基准面。点击特征生成栏构造基准面命令 ◇，在立即菜单中选择"等距平面确定基准面"→"距离：0"→"构造条件：拾取平面"，点击矩形底座的上表面，生成基准面平面 4。如图 6-28 所示。

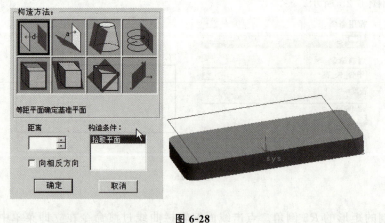

图 6-28

（7）绘制长度 62×34 的矩形。选择平面 4 为草图平面，点击状态控制栏中（草图）按钮，进入草图 1 绘制环境点击曲线生成栏矩形命令，在立即菜单中选择"中心 _ 长 _ 宽"→"长度：62"→"宽度：34"，点击坐标原点，生成草图 1，如图 6-29 所示。

任务1 完成轴承支座实体造型

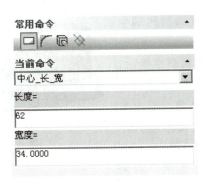

图 6-29

(8) 增加矩形底座。按 F2 键,退出草图 1 的编辑模式,点击特征生成栏拉升增料命令,在立即菜单中选择"固定深度"→"深度:27"→拉升对象"草图 1"→拉升为"实体特征",回车确认,如图 6-30 所示。

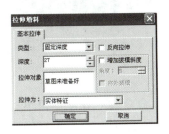

图 6-30

(9) 生成基准面。点击特征生成栏构造基准面命令 ◇,在立即菜单中选择"等距平面确定基准面"→"距离:0"→"构造条件:拾取平面",点击矩形底座的侧面,生成基准面平面 6。如图 6-31 所示。

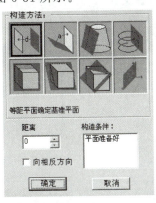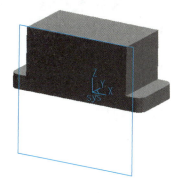

图 6-31

(10) 绘制 R20 的半圆。点击曲线生成栏整圆命令 ⊕,选择底座上边中心为圆心,在立即菜单中选择"圆心_半径",输入半径为 20,回车确认。

点击曲线栏直线命令 /,按空格键,在弹出的点工具栏中选择缺省点,当鼠标靠近圆的两边时会在箭头附近出现圆弧标记，连接圆的两端生成一条线。

点击曲线编辑栏曲线裁剪命令 ，根据状态栏提示，点击要被裁剪掉的部分圆弧，如图6-32所示。

（11）增加R20的半圆柱体凸圆。按F2键，退出草图2的编辑模式，点击特征生成栏拉升增料命令 ，在立即菜单中选择"固定深度"→"深度：4"→拉升对象"草图2"→拉升为"实体特征"，回车确认，如图6-33所示。

图6-32

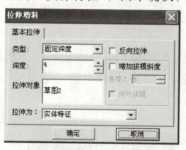

图6-33

同方法增加另一侧R20的半圆柱体凸缘。

（12）生成基准面。点击特征生成栏构造基准面命令 ，在立即菜单中选择"等距平面确定基准面"→"距离：17"→"构造条件：拾取平面"，点击矩形底座的侧面，生成基准面平面8。如图6-34所示。

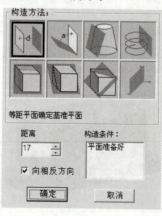

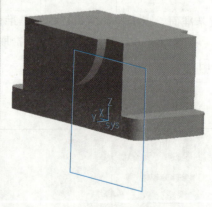

图6-34

（13）绘制R15的圆。选择刚生成的基准面8，右击选择进入草图模式，点击曲线生成栏整圆命令 ，选择底座上边中心为圆心，在立即菜单中选择"圆心_半径"，输入半径为15，回车确认，如图6-35所示。

（14）除去R15的圆柱体。按F2键，退出草图的编辑模式，点击特征生成栏拉升除料命令 ，在立即菜单中选择"双向拉伸"→"深度：42"→拉升对象"草图4"→拉

图6-35

升为"实体特征",回车确认,如图 6-36 所示。

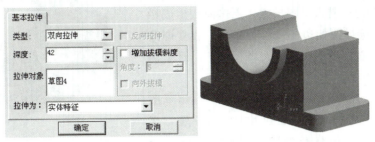

图 6-36

(15) 绘制 $R18$ 的圆。选择已生成的基准面平面 8,右击选择进入草图模式,点击曲线生成栏整圆命令 ⊕,选择底座上边中心为圆心,在立即菜单中选择"圆心_半径",输入半径为 18,回车确认。如图 6-37 所示。

(16) 除去 $R18$ 的圆柱体。按 F2 键,退出草图的编辑模式,点击特征生成栏拉升除料命令 ,在立即菜单中选择"双向拉伸"→"深度:25"→拉升对象"草图 4"→拉升为"实体特征",回车确认,如图 6-38 所示。

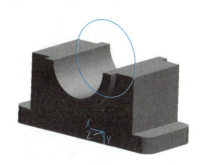

图 6-37

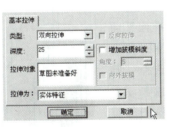

图 6-38

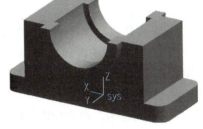

(17) 生成上表面基准面。点击特征生成栏构造基准面命令 ,在立即菜单中选择"等距平面确定基准面"→"距离:0"→"构造条件:拾取平面",点击矩形底座的上表面,生成基准面平面 10。如图 6-39 所示。

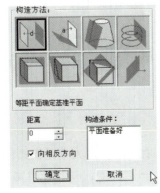

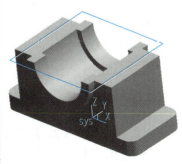

图 6-39

(18) 绘制 R5 的两个圆。选择刚生成的基准面平面 10，右击选择进入草图模式，点击曲线生成栏整圆命令 ⊕，选择两侧边的中心为圆心，在立即菜单中选择"圆心_半径"，输入半径为 5，回车确认。如图 6-40 所示。

(19) 除去 R5 的圆柱体。按 F2 键，退出草图的编辑模式，点击特征生成栏拉升除料命令 回，在立即菜单中选择"双向拉伸"→"深度：100"→拉升对象"草图 5"→拉升为"实体特征"，回车确认，如图 6-41 所示。

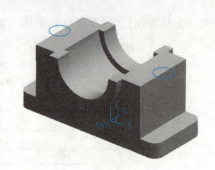

图 6-40

图 6-41

(20) 绘制 R11 的两个圆。选择刚生成的基准面平面 2，右击选择进入草图模式，点击曲线生成栏整圆命令 ⊕，选择两侧边的中心为圆心，在立即菜单中选择"圆心_半径"，输入半径为 11，回车确认。如图 6-42 所示。

(21) 除去 R11 的圆柱体。按 F2 键，退出草图的编辑模式，点击特征生成栏拉升除料命令 回，在立即菜单中选择"双向拉伸"→"深度：100"→拉升对象"草图 6"→拉升为"实体特征"，回车确认，如图 6-43 所示。

图 6-42

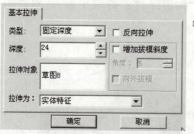

图 6-43

(22) 绘制的矩形。选择已生成的基准面 6，右击选择进入草图模式，点击曲线生成栏矩形命令，在立即菜单中选择"中心_长_宽"→"长度：62"→"宽度：34"，点击坐标原点，生成草图 7，如图 6-44 所示。

任务1 完成轴承支座实体造型

图 6-44

（23）增加矩形底座。按 F2 键，退出草图的编辑模式，点击特征生成栏拉升除料命令，在立即菜单中选择"固定深度"→"深度：27"→拉升对象"草图7"→拉升为"实体特征"，回车确认，如图 6-45 所示。

图 6-45

任务考核

表 6-1 任务实施评价表

姓名：_____　　　　　　　　　　班级：_____

序号	检测内容与要求	分值	学生自评（25%）	小组互评（25%）	教师评价（50%）
1	学习态度	5			
2	安全、规范、文明操作	5			
3	82×34 的底座	10			
4	62×42 的箱体	10			
5	R20 的外凸半圆柱体	10			
6	R15 的除去材料半圆柱体	10			
7	R18 的除去材料半圆柱体	5			
8	R11 的除去材料半圆柱体	10			
9	直径 10 的底座孔	5			
10	底座 R5 的倒角	10			
11	底座 32×5 的底部开槽	10			

续表

序号	检测内容与要求	分值	学生自评（25%）	小组互评（25%）	教师评价（50%）
12	新建文件任务 6-1.mxe，并存到指定目录	10			
总　　分		100			
			合计：		
问题记录和解决办法	记录任务实施中出现的问题和采取的解决方法				

任务 2　完成斜叉实体造型

任务引入

本任务以绘制斜叉实体造型，学习 CAXA 制造工程师 2016 软件的旋转增料、旋转除料、放样除料等相关操作，以及造型的基本知识。

相关知识

1. 旋转增料

通过围绕一条空间直线旋转一个或多个封闭轮廓，增加生成一个特征。

（1）单击"造型"，指向"特征生成"，再指向"增料"，单击"旋转"或者直接单击 按钮，弹出旋转特征对话框，如图 6-46 所示。

图 6-46

（2）选取旋转类型，填入角度，拾取草图和轴线，单击"确定"完成操作。

【参数】

旋转类型包括"单向旋转"、"对称旋转"和"双向旋转"，如图 6-47 所示。

单向旋转指按照给定的角度数值进行单向的旋转，如图 6-48 所示。

图 6-47

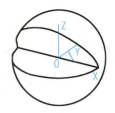

图 6-48

【注意】轴线是空间曲线,需要退出草图状态后绘制。

2. 旋转除料

通过围绕一条空间直线旋转一个或多个封闭轮廓,移除生成一个特征。

(1) 单击"造型",指向"特征生成",再指向"除料",单击"旋转"或者直接单击 按钮,弹出旋转除料对话框,如图 6-49 所示。

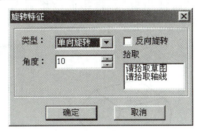

图 6-49

(2) 选取旋转类型,填入角度,拾取草图和轴线,单击"确定"完成操作。

【参数】

旋转类型包括"单向旋转"、"对称旋转"和"双向旋转",如图 6-50 所示。
单向旋转:是指按照给定的角度数值进行单向的旋转,如图 6-51 所示。

图 6-50

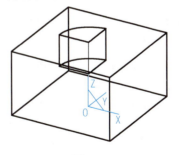

图 6-51

角度:是指旋转的尺寸值,可以直接输入所需数值,也可以点击按钮来调节。
反向旋转:是指与默认方向相反的方向进行旋转。
拾取:是指对需要旋转的草图和轴线的选取。
对称旋转:是指以草图为中心,向相反的两个方向进行旋转,角度值以草图为中心平分,如图 6-52 所示。
双向旋转:是指以草图为起点,向两个方向进行旋转,角度值分别输入,如图 6-53 所示。

项目 6　特征造型

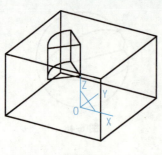

图 6-52

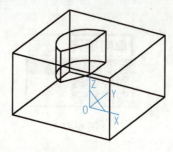

图 6-53

【注意】轴线是空间曲线，需要退出草图状态后绘制。

3. 放样增料

根据多个截面线轮廓生成一个实体。截面线应为草图轮廓，如图 6-54 所示。

（1）单击"造型"，指向"特征生成"，再指向"增料"，单击"放样"或者直接单击 按钮，弹出放样对话框，如图 6-55 所示。

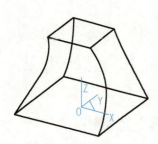

图 6-54

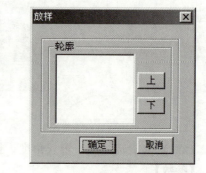

图 6-55

（2）选取轮廓线，单击"确定"完成操作。

【参数】

轮廓：是指对需要放样的草图。

上和下：是指调节拾取草图的顺序。

【注意】

（1）轮廓按照操作中的拾取顺序排列。

（2）拾取轮廓时，要注意状态栏指示，拾取不同的边，不同的位置，会产生不同的结果。

4. 放样除料

根据多个截面线轮廓移出一个实体。截面线应为草图轮廓。

（1）单击"造型"，指向"特征生成"，再指向"除料"，单击"放样"或者直接单击 按钮，弹出放样除料对话框，如图 6-56 所示。

图 6-56

(2)选取轮廓线,单击"确定"完成操作。

【参数】

轮廓:是指对需要放样的草图。

上和下:是指调节拾取草图的顺序。

【注意】

(1)轮廓按照操作中拾取顺序排列。

(2)拾取轮廓时,要注意指示,拾取不同的边,不同的位置,会产生不同的结果。

任务实施

用 CAXA 制造工程师完成斜叉实体造型,如图 6-57 所示。

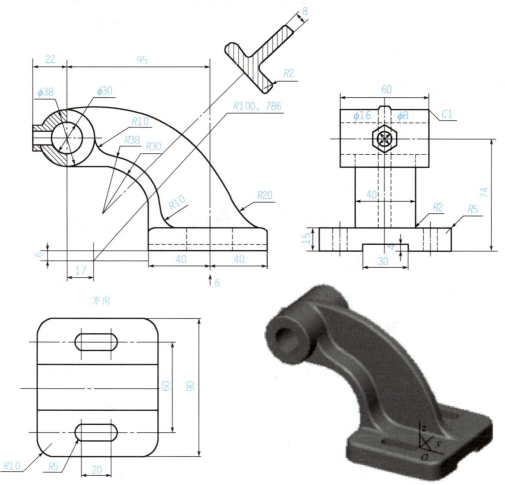

图 6-57

(1)启动 CAXA 制造工程师 2016,以"任务 6-2.mxe"为文件名,保存至 D 盘根目录下"CAXA 机械制造工程师"文件夹内。

(2)选择 XY 平面为草图平面。选择 XY 平面为草图平面,点击状态控制栏中(草图）按钮，进入草图 1 绘制环境。

（3）绘制斜叉 90×80 的矩形草图。点击曲线生成栏矩形命令 ▭，以坐标原点为矩形中心，在立即菜单中选择"中心 _ 长 _ 宽"→"长度：80"→"宽度：90"，点击坐标原点，生成平面 4，如图 6-58 所示。

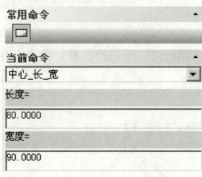 

图 6-58

（4）生成矩形底座。按 F2 键，退出草图 0 的编辑模式，点击特征生成栏拉升增料命令 ，在立即菜单中选择"固定深度"→"深度：15"→拉升对象"草图 0"→拉升为"实体特征"，回车确认，如图 6-59 所示。

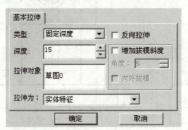 

图 6-59

（5）选择 XZ 平面为草图平面。选择 XZ 平面为草图平面，点击状态控制栏中（草图）按钮，进入草图 1 绘制环境。

（6）绘制斜叉的腹板的草图。点击直线命令 ╱，点击坐标原点，在立即菜单中选择"两点线"→"连续"→"正交"→"长度方式"→"长度：95"，回车确认，如图 6-60 所示。

图 6-60

点击平移命令，点击刚刚生成的直线，在立即菜单中选择"偏移量"→"DX＝－6"→"DY＝0"回车确认。

点击直线命令，点击长度 95 线的左端点，在立即菜单中选择"两点线"→"连续"→"正交"→"长度方式"→"长度：80"，回车确认，如图 6-61 所示。

图 6-61

点击曲线生成栏整圆命令，选择长度为 80 的直线顶端为圆心，在立即菜单中选择"圆心＿半径"，输入半径为 15，回车确认，如图 6-62 所示。

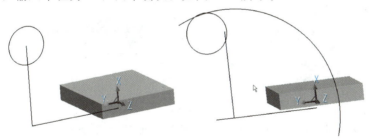

图 6-62

点击曲线生成栏整圆命令，选择垂直线平移 17 后与水平线的交点为圆心，在立即菜单中选择"圆心＿半径"，输入半径为 100，回车确认。

点击直线命令，点击长度 95 线的左端点，在立即菜单中选择"两点线"→"连续"→"正交"→"点方式"绘图两条线。如图 6-63 所示。

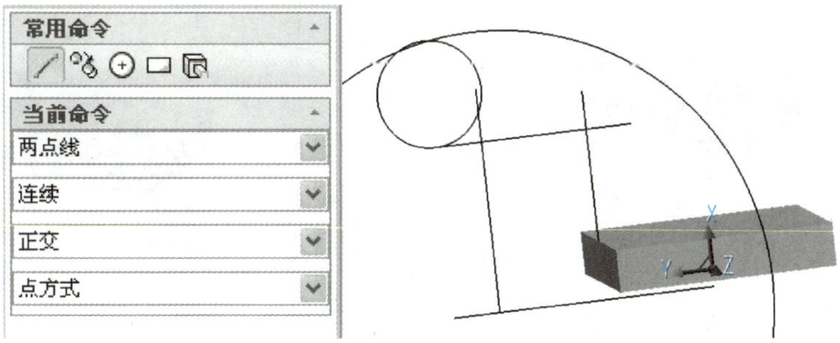

图 6-63

点击直线命令，在立即菜单中选择"两点线"→"连续"→"正交"→"点方式"选择立方体上表面的两端中心线，绘图一条线条线。如图 6-64 所示。

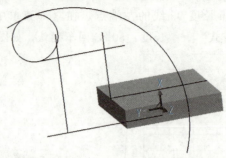

图 6-64

以 R30 的半径进行曲线过渡。点击曲线编辑栏曲线过渡命令，过渡方式为"圆弧过渡"→"半径：30"→"精度：0.0100"→"不裁剪曲线 1"→"不裁剪曲线 2"，根据状态栏提示，分别点击两直线，右键确认，如图 6-65 所示。

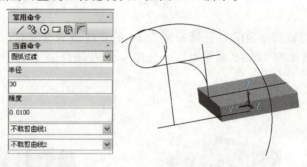

图 6-65

以 R20 的半径进行曲线过渡。点击曲线编辑栏曲线过渡命令，过渡方式为"圆弧过渡"→"半径：30"→"精度：0.0100"→"不裁剪曲线 1"→"不裁剪曲线 2"，根据状态栏提示，分别点击两直线，右键确认，如图 6-66 所示。

裁剪多余曲线，点击曲线编辑栏曲线裁剪命令，据状态栏提示，点击要被裁剪掉多余的线段。并删除多余的线，使草图形成一个封闭的曲线框。如图 6-67 所示。

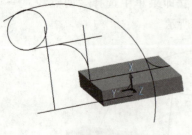

图 6-66

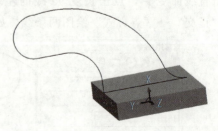

图 6-67

（7）增加斜叉的半圆形加强筋。按 F2 键，退出草图 2 的编辑模式，点击特征生成栏拉升增料命令，在立即菜单中选择"双向拉伸"→"深度：8"→拉升对象"草图 1"→拉升为"实体特征"，回车确认，如图 6-68 所示。

任务2　完成斜叉实体造型

图 6-68

（8）绘制斜叉的加强筋的草图。选择 XZ 平面为草图平面，点击状态控制栏中（草图）按钮，进入草图 2 绘制环境。

点击曲线生成栏整圆命令⊕，选择实体圆的圆形为圆心，在立即菜单中选择"圆心_半径"，输入半径为 19，回车确认，如图 6-69 所示。

点击直线命令╱，在立即菜单中选择"两点线"→"连续"→"正交"→"点方式"绘图两条线辅助线。如图 6-70 所示。

图 6-69　　　　　　　　　　　图 6-70

以 R30 的半径进行曲线过渡。点击曲线编辑栏曲线过渡命令⌐，过渡方式为"圆弧过渡"→"半径：30"→"精度：0.0100"→"裁剪曲线 1"→"裁剪曲线 2"，根据状态栏提示，分别点击两直线，右键确认，如图 6-71 所示。

图 6-71

点击曲线生成栏整圆命令 ⊕，选择 R30 圆的圆心为圆心，在立即菜单中选择"圆心_半径"，输入半径为 38，回车确认，如图 6-72 所示。

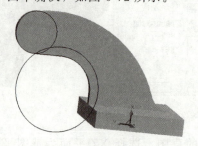

图 6-72

点击直线命令 ╱，在立即菜单中选择"两点线"→"连续"→"正交"→"长度方式"→"长度=60"绘图一条线辅助线。如图 6-73 所示。

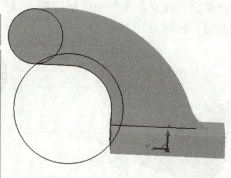

图 6-73

以 R10 的半径进行曲线过渡。点击曲线编辑栏曲线过渡命令，过渡方式为"圆弧过渡"→"半径：10"→"精度：0.0100"→"不裁剪曲线 1"→"不裁剪曲线 2"，根据状态栏提示，分别生成两段连接圆弧，右键确认，如图 6-74 所示。

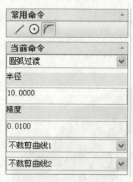 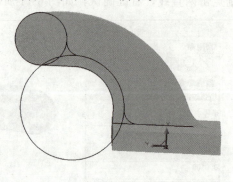

图 6-74

裁剪多余曲线，点击曲线编辑栏曲线裁剪命令，根据状态栏提示，点击要被裁剪掉多余的线段。并删除多余的线，使草图形成一个封闭的曲线框。如图 6-75 所示。

任务 2　完成斜叉实体造型

图 6-75

（9）增加斜叉的半圆形加强筋。按 F2 键，退出草图 2 的编辑模式，点击特征生成栏拉升增料命令，在立即菜单中选择"双向拉伸"→"深度：40"→拉升对象"草图 1"→拉升为"实体特征"，回车确认，如图 6-76 所示。

图 6-76

（10）绘制斜叉的六边形凸台的草图。点击特征生成栏构造基准面命令，在立即菜单中选择"等距平面确定基准面"→"距离：117"→"构造条件：拾取 YZ 平面"，生成基准面平面。如图 6-77 所示。

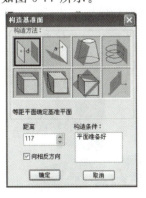 

图 6-77

选择生成的基准平面为草图平面，点击状态控制栏中（草图）按钮，进入草图绘制环境。

点击直线命令，点击坐标原点，在立即菜单中选择"两点线"→"连续"→"正交"→"长度方式"→"长度：75"，回车确认，如图 6-78 所示。

 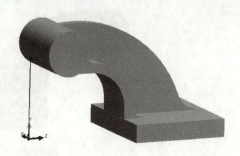

图 6-78

点击直线命令 ◯，点击长度 75 直线的上端点为坐标原点，在立即菜单中选择"中心"→"边数：6"→"外切"→输入半径 8，回车确认。并删除长度为 75 的辅助线。如图6-79所示。

图 6-79

（11）增加斜叉的六边形凸台。按 F2 键，退出草图的编辑模式，点击特征生成栏拉升增料命令 ◯，在立即菜单中选择"固定深度"→"深度：22"→拉升对象"草图9"→拉升为"实体特征"，回车确认，如图 6-80 所示。

图 6-80

（12）绘制斜叉的六边形凹槽的草图。选择生成的基准平面为草图平面，点击状态控制栏中（草图）按钮，进入草图绘制环境。

点击直线命令 ╱，点击坐标原点，在立即菜单中选择"两点线"→"连续"→"正交"→"长度方式"→"长度：75"，回车确认，并删除多余的辅助线。如图 6-81 所示。

任务 2　完成斜叉实体造型

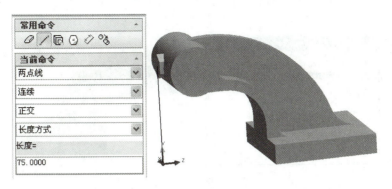

图 6-81

点击直线命令，点击长度 75 直线的上端点为坐标原点，在立即菜单中选择"中心"→"边数：6"→"外切"→输入半径 4，回车确认。并删除长度为 75 的辅助线。如图 6-82 所示。

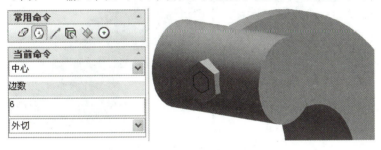

图 6-82

（13）去除斜叉的六边形凹槽。按 F2 键，退出草图的编辑模式，点击特征生成栏拉升除料命令，在立即菜单中选择"固定深度"→"深度：22"→拉升对象"草图 9"→拉升为"实体特征"，回车确认，如图 6-83 所示。

图 6-83

（14）去除斜叉上直径 20 的圆孔材料。选择 XZ 平面为草图平面，点击状态控制栏中（草图）按钮，进入草图绘制环境。

点击曲线生成栏整圆命令，选择实体圆的圆形为圆心，在立即菜单中选择"圆心_半径"，输入半径为 10，回车确认。

按 F2 键，退出草图的编辑模式，点击特征生成栏拉升除料命令，在立即菜单中选择"固定深度"→"深度：22"→拉升对象"草图 9"→拉升为"实体特征"，回车确认，如图 6-84 所示。

图 6-84

（15）底座上 R10 的倒角（4 个）。点击特征生成栏过渡命令 ，分别选择底座的 4 条边，在立即菜单中选择"圆心 _ 半径"，输入半径为 10，回车确认，如图 6-85 所示。

图 6-85

（16）去除底座上的两个键槽。选择 XY 平面为草图平面，点击状态控制栏中（草图）按钮，进入草图绘制环境。

进入俯视图状态，点击曲线生成栏整圆命令 ，选择原点为圆心，在立即菜单中选择"圆心 _ 半径"，输入半径为 30，回车确认，如图 6-86 所示。

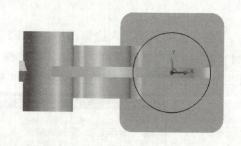

图 6-86

点击曲线生成栏矩形命令 ，以 R30 圆的上下端点为矩形中心，在立即菜单中选择"中心 _ 长 _ 宽"→"长度：30"→"宽度：10"，如图 6-87 所示。

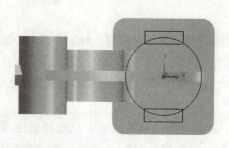

图 6-87

任务 2　完成斜叉实体造型

删除 R30 的辅助圆，以 R30 的半径进行曲线过渡。点击曲线编辑栏曲线过渡命令，过渡方式为"圆弧过渡"→"半径：30"→"精度：0.0100"→"裁剪曲线 1"→"裁剪曲线 2"，根据状态栏提示，分别点击两直线，右键确认，如图 6-88 所示。

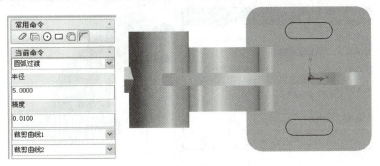

图 6-88

按 F2 键，退出草图的编辑模式，点击特征生成栏拉升除料命令，在立即菜单中选择"固定深度"→"深度：15"→拉升对象"草图 9"→拉升为"实体特征"，回车确认，如图 6-89 所示。

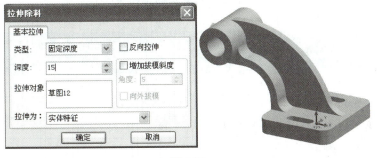

图 6-89

（17）去除底座上 30×4 的低槽。选择 YX 平面为草图平面，点击状态控制栏中（草图）按钮，进入草图绘制环境。

点击曲线生成栏矩形命令，以地面下边的中心为矩形中心，在立即菜单中选择"中心_长_宽"→"长度：30"→"宽度：8"，如图 6-90 所示。

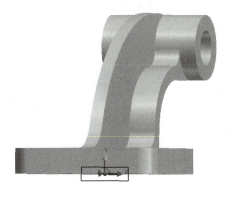

图 6-90

按 F2 键，退出草图的编辑模式，点击特征生成栏拉升除料命令 ，在立即菜单中选择"固定深度"→"深度：15"→拉升对象"草图 9"→拉升为"实体特征"，回车确认，如图 6-91 所示。

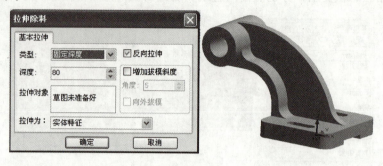

图 6-91

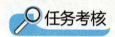

表 6-2　任务实施评价表

姓名：_____　　　　　　　　　　　　　　　班级：_____

序号	检测内容与要求	分值	学生自评（25%）	小组互评（25%）	教师评价（50%）
1	学习态度	5			
2	安全、规范、文明操作	5			
3	新建文件任务 6-2.mxe，并存到指定目录	10			
4	斜叉 80×90 的底座	10			
5	斜叉 R100 的加强筋	10			
6	斜叉 R38 的内板	10			
7	直径 38 的圆柱体	5			
8	直径 20 的圆柱体去除材料	10			
9	直径 16 的六边形外凸材料	5			
10	直径 8 的六边形去除材料	10			
11	各处倒角	10			
12	底座开槽	10			
	总　　分	100	合计：		
问题记录和解决办法	记录任务实施中出现的问题和采取的解决方法				

任务3　完成端盖实体造型

任务引入

本任务以绘制端盖实体造型，学习CAXA制造工程师2016软件的过渡、倒角、打孔等相关操作，以及造型的基本知识。

相关知识

1. 过渡

过渡是指以给定半径或半径规律在实体间作光滑过渡。

（1）单击"造型"，指向"特征生成"，单击"过渡"或者直接单击 按钮，弹出过渡对话框，如图6-92所示。

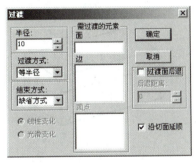

图 6-92

（2）填入半径，确定过渡方式和结束方式，选择变化方式，拾取需要过渡的元素，单击"确定"完成操作。

【参数】

半径：是指过渡圆角的尺寸值，可以直接输入所需数值，也可以点击按钮来调节。

过渡方式有两种：等半径和变半径。

等半径：是指整条边或面以固定的尺寸值进行过渡。

变半径：是指在边或面以渐变的尺寸值进行过渡，需要分别指定各点的半径。

结束方式有三种：缺省方式、保边方式和保面方式。

缺省方式：是指以系统默认的保边或保面方式进行过渡。保边方式：是指线面过渡，如图6-93所示。

保面方式：是指面面过渡，如图6-94所示。

项目6　特征造型

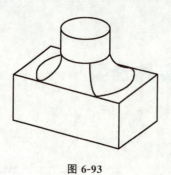

图 6-93

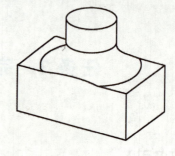

图 6-94

线性变化：是指在变半径过渡时，过渡边界为直线。
光滑变化：是指在变半径过渡时，过渡边界为光滑的曲线。
需要过渡的元素：是指对需要过渡的实体上的边或者面的选取。
顶点：是指在边半径过渡时，所拾取的边上的顶点。
沿切面顺延：是指在相切的几个表面的边界上，拾取一条边时，可以将边界全部过渡，先将竖的边过渡后，再用此功能选取一条横边，结果如图 6-95 所示。图 6-96 和图 6-97 为等半径和边半径过渡的区别。
过渡面后退：零件在使用过渡特征时，可以使用"过渡面后退"使过渡变得缓慢光滑。

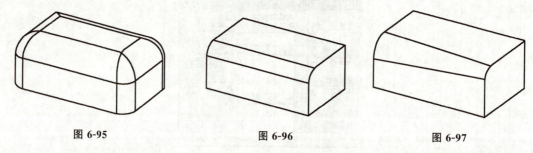

图 6-95　　　　　　　　　　　图 6-96　　　　　　　　　　　图 6-97

（1）使用"过渡面后退"功能时，首先要勾选"过渡面后退"选项，然后再拾取过渡边，并给定每条边所需要的后退距离，每条边的后退距离可以是相等的也可以不相等。如图6-98所示。

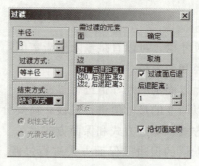

图 6-98　过渡对话框

(2) 如果先拾取了过渡边而没有勾选"过渡面后退"选项,那么必须重新拾取所有过渡边,这样才能实现过渡面后退功能。

(3) 在"过渡"对话框中选择适当的半径值和过渡方式,单击"确定"完成。如图6-99所示。

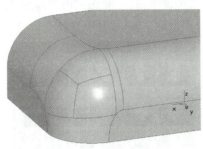

图 6-99

【注意】

(1) 在进行变半径过渡时,只能拾取边,不能拾取面。

(2) 变半径过渡时,注意控制点的顺序。

(3) 在使用过渡面后退功能时,过渡边不能少于3条且有公共点。

2. 倒角

倒角是指对实体的棱边进行光滑过渡。

(1) 单击"造型",指向"特征生成",单击"倒角"或者直接单击 按钮,弹出倒角对话框,如图6-100所示。

(2) 填入距离和角度,拾取需要倒角的元素,单击"确定"完成操作。

图 6-100

【参数】

距离:是指倒角的边尺寸值,可以直接输入所需数值,也可以点击按钮来调节。

角度:是指所倒角度的尺寸值,可以直接输入所需数值,也可以点击按钮来调节。

需倒角的元素:是指对需要过渡的实体上的边的选取。

反方向:是指与默认方向相反的方向进行操作,分别按照两个方向生成实体,如图6-101和图6-102所示。

图 6-101   图 6-102

项目 6 特征造型

【注意】两个平面的棱边才可以倒角。

3. 孔

在平面上直接去除材料生成各种类型的孔。

（1）单击"造型"，指向"特征生成"，单击"孔"或者直接单击 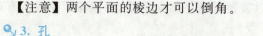 按钮，弹出孔对话框，如图 6-103 所示。

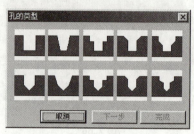

图 6-103

（2）拾取打孔平面，选择孔的类型，指定孔的定位点，点击"下一步"。

（3）填入孔的参数，单击"确定"完成操作。

【参数】

主要是不同的孔的直径、深度、沉孔和钻头的参数等。

通孔：是指将整个实体贯穿。

【注意】

（1）通孔时，深度不可用。

（2）指定孔的定位点时，点击平面后按回车，可以输入打孔位置的坐标值。

🔧 任务实施

用 CAXA 制造工程师 2016 完成端盖实体造型，如图 6-104 所示。

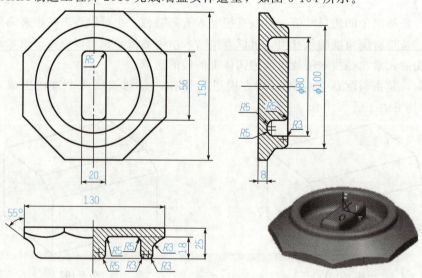

图 6-104

(1) 启动 CAXA 制造工程师 2016，以"任务 6-3.mxe"为文件名，保存至 D 盘根目录下"CAXA 机械制造工程师"文件夹内。

(2) 选择 XY 平面为草图平面。选择 XY 平面为草图平面，点击状态控制栏中（草图）按钮，进入草图 1 绘制环境。

(3) 绘制内切直径为 130 的八边形。点击曲线生成栏整圆命令 ⊕，选择原点为圆心，在立即菜单中选择"圆心 _ 半径"，输入半径为 65，回车确认。

点击直线命令 ╱，点击原点为坐标原点，在立即菜单中选择"两点线"→"连续"→"正交"→"点方式"沿负 X 轴绘制一条辅助线。

点击正多边形命令 ⊙，点击原点为坐标原点，在立即菜单中选择"中心"→"边数6"→"外切"绘制正八边形。如图 6-105 所示。

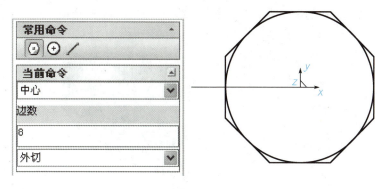

图 6-105

删除多余的线，点击曲线编辑栏删除命令 ⊘，根据状态栏提示，点击要被删除掉的多余的线段。并删除多余的线，使草图形成一个封闭的八边形线框。

(4) 生成八边形底座。按 F2 键，退出草图的编辑模式，点击特征生成栏拉升增料命令 ▨，在立即菜单中选择"固定深度"→"深度：25"→拉升对象"草图 1"→拉升为"实体特征"，回车确认，如图 6-106 所示。

图 6-106

(5) 绘制斜坡面的草图。选择 XZ 平面为草图平面，点击状态控制栏中（草图）按钮，进入草图 2 绘制环境。

点击直线命令 ╱，在立即菜单中选择"两点线"→"连续"→"正交"→"点方式"连接坐标原点和八边形一边的中点，作一辅助线。如图 6-107 所示。

图 6-107

点击直线命令，在立即菜单中选择"两点线"→"连续"→"正交"→"长度方式"→"长度 8"选择八边形一边的中点为端点，作一辅助线。如图 6-108 所示。

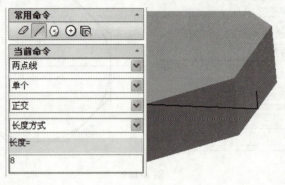

图 6-108

点击直线命令，在立即菜单中选择"两点线"→"连续"→"正交"→"长度方式"→"长度 50"选择长度为 8 辅助线的上端点为端点，作一辅助线。如图 6-109 所示。

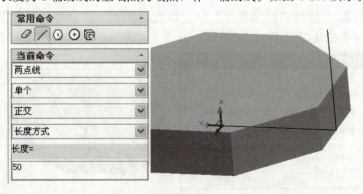

图 6-109

点击平面选择命令，在立即菜单中选择"固定角度"→"移动"→"角度＝55"选择长度为 8 辅助线的上端点为旋转中心，选择长度为 50 辅助线为旋转对象，回车确认。如图 6-110 所示。

点击曲线拉升命令，单击长度为 50 辅助线的下端点，拖动鼠标拉升任意长度距离

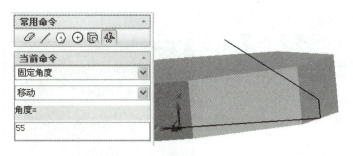

图 6-110

（超过八边形地盘外边），回车确认。

点击直线命令，点击坐标原点，在立即菜单中选择"两点线"→"单个"→"正交"→"长度方式"→"长度：40"，回车确认，如图 6-111 所示。

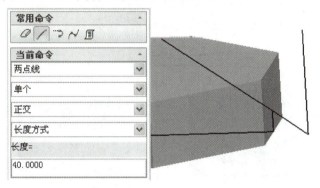

图 6-111

点击直线命令，在立即菜单中选择"两点线"→"单个"→"非正交"分别点击两线段的端点，形成封闭的三角形，回车确认，如图 6-112 所示。

图 6-112

点击等距线命令，在立即菜单中选择"单根曲线"→"等距"→"距离 15"选择长度为 8 的辅助线，生成一个距离为 15 的长度为 8 的辅助线，回车确认，并删除原来的长度为 8 的线段。如图 6-113 所示。

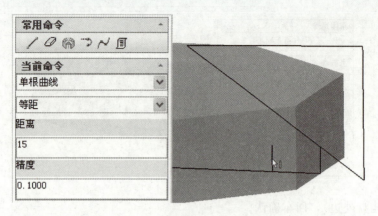

图 6-113

点击曲线拉升命令，单击长度为 8 辅助线的上端点，拖动鼠标拉升任意长度距离（超过三角形的上边），回车确认，如图 6-114 所示。

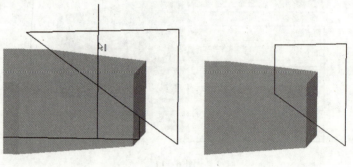

图 6-114

裁剪多余曲线，点击曲线编辑栏曲线裁剪命令，根据状态栏提示，点击要被裁剪掉多余的线段，并删除多余的线，使草图形成一个封闭的曲线框。

(6) 生成斜坡面。按 F2 键，退出草图的编辑模式，点击特征生成栏旋转除料命令，在立即菜单中选择"单向旋转"→"角度：360"，旋转草图平面，旋转 Z 轴为旋转轴线，回车确认，如图 6-115 所示。

图 6-115

(7) 绘制上表面凹槽的草图。点击特征生成栏构造基准面命令，在立即菜单中选择"等距平面确定基准面"→"距离：0"→"构造条件：拾取上表面"，生成基准面平面。如图 6-116 所示。

任务 3　完成端盖实体造型

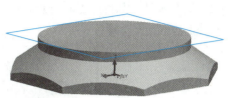

图 6-116

选择生成的基准平面为草图平面，点击状态控制栏中（草图）按钮，进入草图绘制环境。

点击曲线生成栏整圆命令 ⊕，选择实体圆的圆形为圆心，在立即菜单中选择"圆心_半径"，输入半径为 40，回车确认，如图 6-117 所示。

图 6-117

按 F2 键，进入俯视图，点击曲线生成栏矩形命令 ▭，以坐标原点为矩形中心，在立即菜单中选择"中心_长_宽"→"长度：20"→"宽度：56"，点击坐标原点，生成平面，如图 6-118 所示。

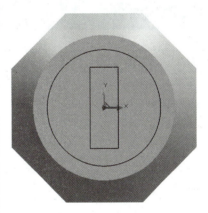

图 6-118

（8）生成上表面凹槽。按 F2 键，退出草图的编辑模式，点击特征生成栏拉升除料命令，在立即菜单中选择"固定深度"→"深度：18"→拉升对象"草图"→拉升为"实体特征"，回车确认，如图 6-119 所示。

图 6-119

项目 6　特征造型

(9) 凸台上的倒角。点击特征生成栏过渡命令 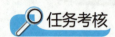，分别选择底座的 4 条边，在立即菜单中选择"圆心 _ 半径"，输入半径为 5，回车确认。

点击特征生成栏过渡命令 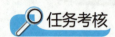，分别选择底座的内外边，在立即菜单中选择"圆心 _ 半径"，输入半径为 3，回车确认，如图 6-120 所示。

图 6-120

任务考核

表 6-3　任务实施评价表

姓名：＿＿＿＿＿＿　　　　　　　　　　　　班级：＿＿＿＿＿＿

序号	检测内容与要求	分值	学生自评（25%）	小组互评（25%）	教师评价（50%）
1	学习态度	5			
2	安全、规范、文明操作	5			
3	八边形底座	10			
4	直径 100 的上圆环	10			
5	上表面的凹槽	10			
6	圆中心的方形凸台	10			
7	55 度外倾斜面	5			
8	R3 的倒圆角	10			
9	R5 的倒圆角	5			
10	外边高度 8	10			
11	凹槽深度 18	10			
12	新建文件任务 6-3.mxe，并存到指定目录	10			
总　分		100	合计：		
问题记录和解决办法	记录任务实施中出现的问题和采取的解决方法				

任务 4　完成轮架实体造型

本任务以绘制轮架实体造型，学习 CAXA 制造工程师 2016 软件的拔模、抽壳、钣金、线性阵列、环形阵列等相关操作，以及造型的基本知识。

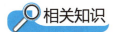

1. 拔模

拔模是指保持中性面与拔模面的交轴不变（即以此交轴为旋转轴），对拔模面进行相应拔模角度的旋转操作。

此功能用来对几何面的倾斜角进行修改。如图 6-121 所示的某直孔，用户可通过拔模操作把其修改成带一定拔模角的斜孔。

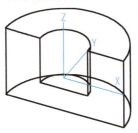 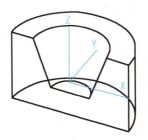

图 6-121

（1）单击"造型"，指向"特征生成"，单击"拔模"或者直接单击 按钮，弹出拔模对话框，如图 6-122 所示。

（2）填入拔模角度，选取中立面和拔模面，单击"确定"完成操作。

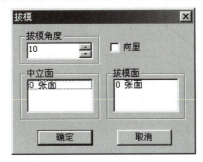

图 6-122

【参数】

拔模角度：是指拔模面法线与中立面所夹的锐角。

中立面：是指拔模起始的位置。

拔模面：需要进行拔模的实体表面。

向里：是指与默认方向相反，分别按照两个方向生成实体，如图 6-123 和 6-124 所示。

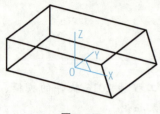

图 6-123

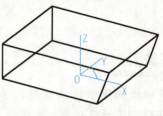

图 6-124

【注意】

拔模角度不要超过合理值。

2. 抽壳

根据指定壳体的厚度将实心物体抽成内空的薄壳体。

（1）单击"造型"，指向"特征生成"，单击"抽壳"或者直接单击 按钮，弹出抽壳对话框，如图 6-125 所示。

（2）填入抽壳厚度，选取需抽去的面，单击"确定"完成操作。

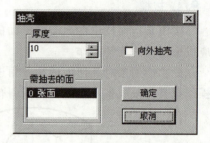

图 6-125

【参数】

厚度：是指抽壳后实体的壁厚。

需抽去的面：是指要拾取，去除材料的实体表面。

向外抽壳：是指与默认抽壳方向相反，在同一个实体上分别按照两个方向生成实体，如图 6-126 和图 6-127 所示，结果是尺寸不同。

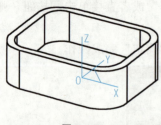

图 6-126

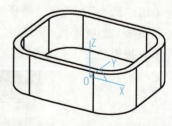

图 6-127

【注意】

抽壳厚度要合理。

3. 筋板

在指定位置增加加强筋。

（1）单击"造型"，指向"特征生成"，单击"筋板"或者直接单击按钮，弹出筋板对话框，如图 6-128 所示。

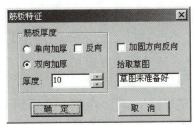

图 6-128

（2）选取筋板加厚方式，填入厚度，拾取草图，单击"确定"完成操作。

【参数】

单向加厚：是指按照固定的方向和厚度生成实体，如图 6-129 所示。

反向：与默认给定的单项加厚方向相反，如图 6-130 所示。

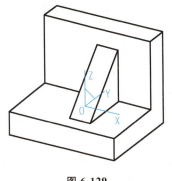

图 6-129

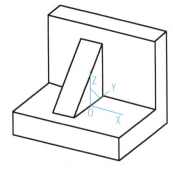

图 6-130

双向加厚：是指按照相反的方向生成给定厚度的实体，厚度以草图评分，如图 6-131 所示。

加固方向反向：是指与默认加固方向相反，如图 6-132 所示为按照不同的加固方向所做的筋板。

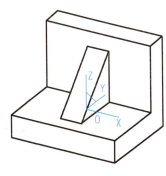

图 6-131

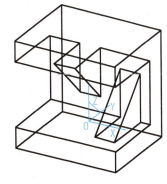

图 6-132

【注意】

（1）加固方向应指向实体，否则操作失败。

（2）草图形状可以不封闭。

4. 线性阵列

通过线性阵列可以沿一个方向或多个方向快速进行特征的复制。

（1）单击"造型"，指向"特征生成"，单击"线性阵列"或者直接单击▥按钮，弹出线性阵列对话框，如图 6-133 所示。

（2）分别在第一和第二阵列方向，拾取阵列对象和边/基准轴，填入距离和数目，单击"确定"完成操作。

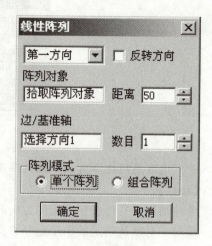

图 6-133

【参数】

方向：是指阵列的第一方向和第二方向，如图 6-134 所示。

阵列对象：是指要进行阵列的特征。

边/基准轴：阵列所沿的指示方向的边或者基准轴。

距离：是指阵列对象相距的尺寸值，可以直接输入所需数值，也可以单击按钮来调节。

数目：是指阵列对象的个数，可以直接输入所需数值，也可以单击按钮来调节。

反转方向：是指与默认方向相反的方向进行阵列，分别举例如图 6-135 和图 6-136 所示。

阵列模式：可解决多曲线环体及修改型特征（如带过渡特征）的阵列。具体使用方法详见"环形阵列"。

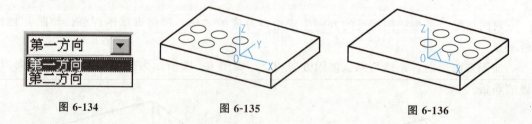

图 6-134　　　　　图 6-135　　　　　图 6-136

【注意】

（1）如果特征 A 附着（依赖）于特征 B，当阵列特征 B 时，特征 A 不会被阵列。

（2）两个阵列方向都要选取。

5. 环形阵列

绕某基准轴旋转将特征阵列为多个特征，构成环形阵列。基准轴应为空间直线。

（1）单击"造型"，指向"特征生成"，单击"环性阵列"或者直接单击▥按钮，弹出环形阵列对话框，如图 6-137 所示。

（2）拾取阵列对象和边/基准轴，填入角度和数目，单击"确定"完成操作。

任务4　完成轮架实体造型

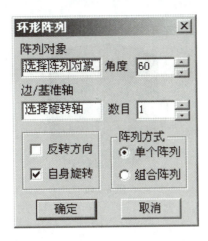

图 6-137

【参数】

阵列对象：是指要进行阵列的特征。

边/基准轴：阵列所沿的指示方向的边或者基准轴。

角度：是指阵列对象所夹的角度值，可以直接输入所需数值，也可以点击按钮来调节。

数目：是指阵列对象的个数，可以直接输入所需数值，也可以点击按钮来调节。

反转方向：是指与默认方向相反的方向进行阵列。

自身旋转：是指在阵列过程中，这列对象在绕阵列中心选旋转的过程中，绕自身的中心旋转，否则，将互相平行。

阵列模式：可解决多曲线环体及修改型特征（如带过渡特征）的阵列。

组合阵列模式：

（1）图中的圆形凸起需要作环形阵列，由于该特征还存在两个修改型特征（过渡特征），因此，在阵列时，应该使用环形阵列方式中的"组合阵列"。特征树如图 6-138 所示。

（2）单击"造型"下拉菜单，指向"特征生成"，选择"环形阵列"或者直接单击"环形阵列"按钮。系统会弹出"环形阵列"对话框（如图 6-139 所示），阵列方式选择"组合阵列"，在特征树中选取相应的阵列对象，填写所需的角度值和阵列数目，最后拾取旋转轴。

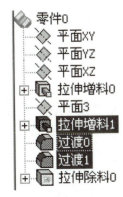

图 6-138

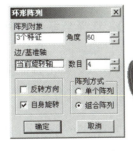

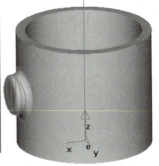

图 6-139

(3) 单击"确定"完成阵列。如图 6-140 所示。

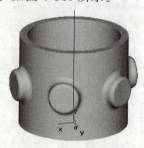

图 6-140

【注意】

如果特征 A 附着（依赖）于特征 B，当阵列特征 B 时，特征 A 不会被阵列。

任务实施

用 CAXA 制造工程师 2016 完成轮架实体造型，如图 6-141 所示。

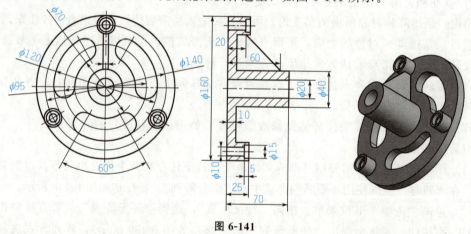

图 6-141

(1) 启动 CAXA 制造工程师 2016，以"任务 6-4.mxe"为文件名，保存至 D 盘根目录下"CAXA 机械制造工程师"文件夹内。

(2) 绘制轮架 $R50$ 的底座。选择 XY 平面为草图平面，点击状态控制栏中（草图）按钮，进入草图 0 绘制环境。

点击曲线生成栏整圆命令 ，选择坐标原点为圆心，在立即菜单中选择"圆心_半径"，输入半径为 50，回车确认。

按 F2 键，退出草图 1 的编辑模式，点击特征生成栏拉升增料命令 ，在立即菜单中选择"固定深度"→"深度：10"→拉升对象"草图 0"→拉升为"实体特征"，回车确认，如图 6-142 所示。

(3) 绘制轮架底座上 3 个小凸台。点击特征生成栏构造基准面命令 ，在立即菜单中选择"等距平面确定基准面"→"距离："→"构造条件：地盘的上表面"，生成基准面平面。如图 6-143 所示。

任务 4　完成轮架实体造型

图 6-142

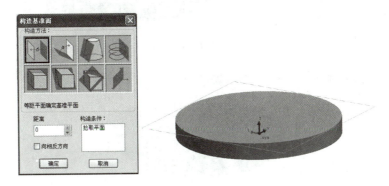

图 6-143

选择生成的基准平面为草图平面，点击状态控制栏中（草图）按钮，进入草图绘制环境。

点击曲线生成栏整圆命令 ⊕，选择底座的圆心为圆心，在立即菜单中选择"圆心 _ 半径"，输入半径为 40，回车确认。

点击直线命令 ╱，在立即菜单中选择"两点线"→"连续"→"正交"→"长度方式"→"长度＝50"绘制一条线辅助线。如图 6-144 所示。

图 6-144

点击曲线生成栏整圆命令 ⊕，选择 $R40$ 圆与长度 50 辅助线的交点为圆心，在立即菜单中选择"圆心 _ 半径"，输入半径为 5，回车确认，如图 6-145 所示。

图 6-145

点击几何变形栏平面旋转命令，选择原点为圆心，在立即菜单中选择"固定角度"→

"拷贝"→"份数 2"→"角度 120"，选择 R5 的圆为旋转对象，回车确认，如图 6-146 所示。

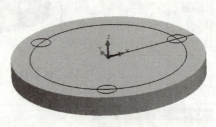

图 6-146

删除 R40 的辅助圆和长度为 50 的辅助线。如图 6-147 所示。

图 6-147

按 F2 键，退出草图的编辑模式，点击特征生成栏拉升增料命令，在立即菜单中选择"固定深度"→"深度：10"→拉升对象"草图"→拉升为"实体特征"，回车确认，如图 6-148 所示。

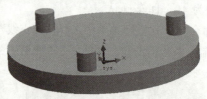

图 6-148

（4）绘制轮架底座上的大凸台。选择生成的基准平面 4 为草图平面，点击状态控制栏中（草图）按钮，进入草图绘制环境。

点击曲线生成栏整圆命令，选择底座的圆心为圆心，在立即菜单中选择"圆心_半径"，输入半径为 15，回车确认。

点击曲线生成栏整圆命令，选择底座的圆心为圆心，在立即菜单中选择"圆心_半径"，输入半径为 10，回车确认。如图 6-149 所示。

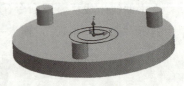

图 6-149

按 F2 键，退出草图的编辑模式，点击特征生成栏拉升增料命令，在立即菜单中选择"固定深度"→"深度：30"→拉升对象"草图"→拉升为"实体特征"，回车确认，如图 6-150 所示。

图 6-150

（5）绘制轮架底座上的钣金。选择 XZ 平面为草图平面，点击状态控制栏中（草图）按钮，进入草图绘制环境。

点击直线命令，点击坐标原点，在立即菜单中选择"两点线"→"连续"→"正交"连接大凸台和小凸台绘制一条斜线，如图 6-151 所示。

图 6-151

按 F2 键，退出草图的编辑模式，点击特征生成栏钣金命令，选择刚刚绘制的钣金外轮廓线，选择"双向加厚"→"厚度：4"，回车确认，如图 6-152 所示。

图 6-152

（6）绘制轮架小凸台上的阶梯孔。点击特征生成栏打孔命令，选择任意一个凸台上表面为打孔平面，选择打孔形状为阶梯孔，选择凸台上圆中心为打孔中心，单击下一步，回车确认。如图 6-153 所示。

项目6 特征造型

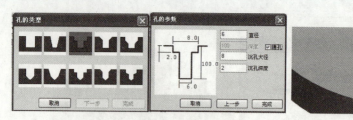

图 6-153

(7) 环形阵列小凸台上的3个阶梯孔。点击直线命令 /，点击坐标原点，在立即菜单中选择"两点线"→"连续"→"正交"→"长度方式"→"长度：100"，绘制阵列旋转轴线，回车确认，如图 6-154 所示。

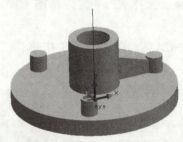

图 6-154

点击特征生成栏环形阵列命令 ，选择刚刚绘制的旋转轴线为旋转轴线，在立即菜单中选择"角度：120"→"数目：3"选择打孔特征为旋转特征，点击确认按钮确认，并删除绘制的旋转轴线，如图 6-155 所示。

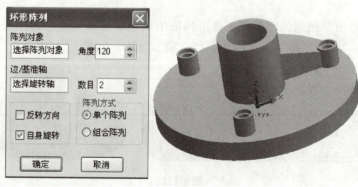

图 6-155

(8) 绘制轮架底座上的3个环形键槽孔。选择生成的基准平面4为草图平面，点击状态控制栏中（草图）按钮，进入草图绘制环境。

点击曲线生成栏整圆命令 ，选择底座的圆心为圆心，在立即菜单中选择"圆心_半径"，输入半径为35，回车确认。

点击直线命令 /，在立即菜单中选择"两点线"→"连续"→"正交"→"长度方式"→"长度=50"绘制一条线辅助线。如图 6-156 所示。

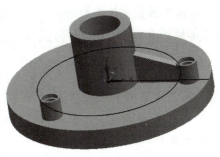

图 6-156

点击几何变形栏平面旋转命令，选择原点为圆心，在立即菜单中选择"固定角度"→"拷贝"→"份数 3"→"角度－30"，选择长度为 50 的直线为旋转对象，回车确认，如图 6-157 所示。

图 6-157

点击曲线生成栏整圆命令，选择图上的交点为圆心，在立即菜单中选择"圆心_半径"，输入半径为 5，回车确认，绘制两个小圆。如图 6-158 所示。

点击曲线生成栏整圆命令，选择坐标原点为圆心，在立即菜单中选择"圆心_半径"，选择刚刚绘制的小圆的内外边分别绘制两个同心圆，回车确认，绘制两个小圆。如图 6-159 所示。

图 6-158

图 6-159

裁剪多余曲线，点击曲线编辑栏曲线裁剪命令，根据状态栏提示，点击要被裁剪掉多余的线段。并删除多余的线，使草图形成一个封闭的曲线框。如图 6-160 所示。

按 F2 键，退出草图的编辑模式，点击特征生成栏拉升除料命令，在立即菜单中选择"固定深度"→"深度：10"→拉升对象"草图 6"→拉升为"实体特征"，回车确认，如图 6-161 所示。

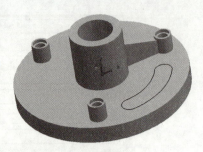

图 6-160

图 6-161

（9）环形阵列地盘上的 3 个键槽。点击直线命令，点击坐标原点，在立即菜单中选择"两点线"→"连续"→"正交"→"长度方式"→"长度：100"，绘制阵列旋转轴线，回车确认，如图 6-162 所示。

点击特征生成栏环形阵列命令，选择刚刚绘制的旋转轴线为旋转轴线，在立即菜单中选择"角度：120"→"数目：3"，选择拉升除料 0 特征为旋转特征，点击确认按钮确认，并删除绘制的旋转轴线，如图 6-163 所示。

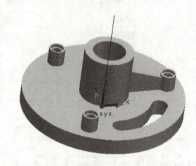

图 6-162

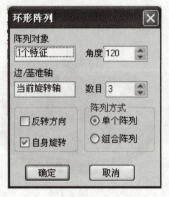

图 6-163

任务考核

表 6-4　任务实施评价表

姓名：_____　　　　　　　　　　　　　　　班级：_____

序号	检测内容与要求	分值	学生自评（25%）	小组互评（25%）	教师评价（50%）
1	学习态度	5			
2	安全、规范、文明操作	5			
3	圆形底座	10			
4	底座上面小圆柱凸台	10			
5	底座上面小圆柱凸台的环形阵列	10			
6	底座上面小圆柱凸台的阶梯打孔	10			
7	底座上面大圆柱凸台	5			
8	小圆柱凸台的阶梯打孔的环形阵列	10			
9	肋板操作	5			
10	底座上的键槽	10			
11	底座上的键槽的环形阵列	10			
12	新建文件任务 6-4.mxe，并存到指定目录	10			
总　分		100	合计：		
问题记录和解决办法	记录任务实施中出现的问题和采取的解决方法				

任务 5　完成法兰弯头实体造型

任务引入

本任务以绘制法兰弯头实体造型，学习 CAXA 制造工程师 2016 软件的基准面、导动增料、导动除料、曲面加厚增料、曲面加厚除料等相关操作，以及综合掌握各类命令。

项目6 特征造型

相关知识

1. 基准面

基准平面是草图和实体赖以生存的平面,它的作用是确定草图在哪个基准面上绘制,这就好像用稿纸写文章,首先选择一页稿纸一样。基准面可以是特征树中已有的坐标平面,也可以是实体中生成的某个平面,还可以是通过某特征构造出的面。

(1)单击"造型",指向"特征生成",单击"基准面"或者直接单击 按钮,弹出基准面对话框,如图6-164所示。

(2)根据构造条件,需要时填入距离或角度,单击"确定"完成操作。

【参数】

构造平面的方法包括以下几种:等距平面确定基准平面,过直线与平面成夹角确定基准平面,生成曲面上某点的切平面,过点且垂直于直线确定基准平面,过点且平行平面确定基准平面,过点和直线确定基准平面,三点确定基准平面,根据当前坐标系构造基准面。

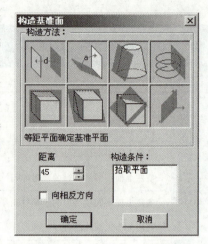

图 6-164

构造条件中主要是需要拾取的各种元素。前两种分别包括下面参数:

距离:是指生成平面距参照平面的尺寸值,可以直接输入所需数值,也可以点击按钮来调节。

反方向:是指与默认的方向相反的方向。

角度:是指生成平面与参照平面的所夹锐角的尺寸值,可以直接输入所需数值,也可以点击按钮来调节。

如图6-165所示为距XOY面45°生成基准面,如图6-166所示为过直线与XOY面成45°角生成基准面。

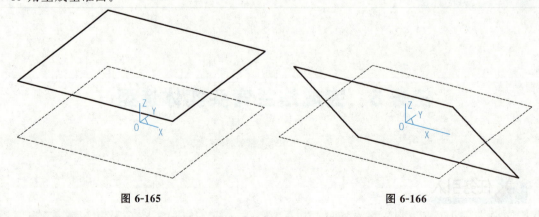

图 6-165   图 6-166

【注意】

拾取时要满足各种不同构造方法给定的拾取条件。

2. 导动增料

将某一截面曲线或轮廓线沿着另外一条轨迹线运动生成一个特征实体。截面线应为封闭的草图轮廓，截面线的运动形成了导动曲面。

（1）绘制完截面草图和导动曲线后，单击"造型"下拉菜单，指向"特征生成"，再指向"增料"，单击"导动"或者直接单击"导动增料" 按钮。系统会弹出相应的"导动"对话框。如图 6-167 所示。

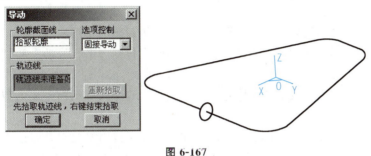

图 6-167

（2）按照对话框中的提示"先拾取轨迹线，右键结束拾取"，先用鼠标左键点取导动线的起始线段，根据状态栏提示"确定链搜索方向"，单击鼠标左键确认拾取完成。如图 6-168 所示。

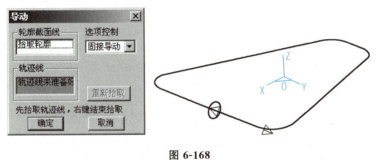

图 6-168

（3）选取截面相应的草图，在"选项控制"中选择适当的导动方式。如图 6-169 所示。

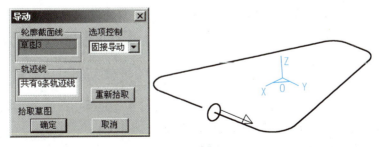

图 6-169

（4）单击"确定"完成实体造形。如图 6-170 所示。

项目6　特征造型

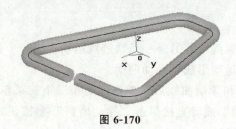

图 6-170

【参数】

轮廓截面线：是指需要导动的草图，截面线应为封闭的草图轮廓。

轨迹线：是指草图导动所沿的路径。选型控制中包括"平行导动"和"固接到动"两种方式。

平行导动：是指截面线沿导动线趋势始终平行它自身的移动而生成的特征实体，如图 6-171 所示。

固接导动：是指在导动过程中，截面线和导动线保持固接关系，即让截面线平面与导动线的切矢方向保持相对角度不变，而且截面线在自身相对坐标架中的位置关系保持不变，截面线沿导动线变化的趋势导动生成特征实体，如图 6-172 所示。

图 6-171

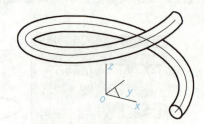

图 6-172

导动反向：是指与默认方向相反的方向进行导动。

【注意】

（1）导动方向和导动线链搜索方向选择要正确。

（2）导动的起始点必须在截面草图平面上。

（3）导动线可以是多段曲线组成，但是曲线间必须是光滑过渡。

3. 导动除料

将某一截面曲线或轮廓线沿着另外一外轨迹线运动移出一个特征实体。截面线应为封闭的草图轮廓，截面线的运动形成了导动曲面。

（1）单击"造型"，指向"特征生成"，再指向"除料"，单击"导动"或者直接单击 按钮，弹出导动对话框，如图 6-173 所示。

（2）选取轮廓截面线和轨迹线，具体方法与"导动增料"一致，这里就不再复述了，单击"确

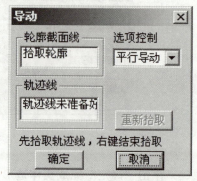

图 6-173

定"完成操作。

【参数】

轮廓截面线：是指需要导动的草图，截面线应为封闭的草图轮廓。

轨迹线：是指草图导动所沿的路径。选型控制中包括"平行导动"和"固接到动"两种方式。

平行导动：是指截面线沿导动线趋势始终平行它自身的移动而生成的特征实体，如图 6-174 所示。

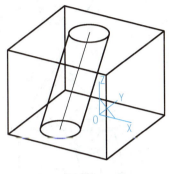

图 6-174

固接导动：是指在导动过程中，截面线和导动线保持固接关系，即让截面线平面与导动线的切矢方向保持相对角度不变，而且截面线在自身相对坐标架中的位置关系保持不变，截面线沿导动线变化的趋势导动生成特征实体，如图 6-175 所示。

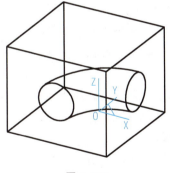

图 6-175

导动反向：是指与默认方向相反的方向进行导动。

【注意】

（1）导动方向和导动线链搜索方向选择要正确。

（2）导动的起始点必须在截面草图平面上。

任务实施

用 CAXA 制造工程师 2016 完成法兰弯头实体造型，如图 6-176 所示。

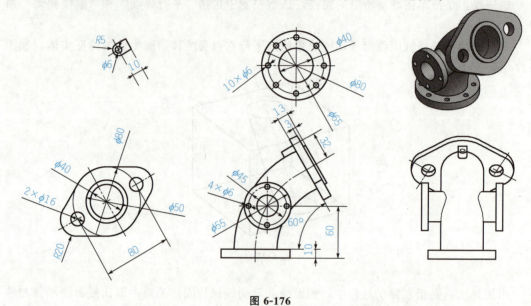

图 6-176

（1）启动 CAXA 制造工程师 2016，以 "任务 6-5.mxe" 为文件名，保存至 D 盘根目录下 "CAXA 机械制造工程师" 文件夹内。

（2）绘制法兰头 R40 的底座。选择 XY 平面为草图平面，点击状态控制栏中（草图）按钮，进入草图 0 绘制环境。

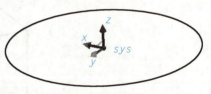

图 6-177

点击曲线生成栏整圆命令，选择坐标原点为圆心，在立即菜单中选择 "圆心_半径"，输入半径为 40，回车确认，如图 6-177 所示。

按 F2 键，退出草图 1 的编辑模式，点击特征生成栏拉升增料命令，在立即菜单中选择 "固定深度"→"深度：10"→拉升对象 "草图 0"→拉升为 "实体特征"，回车确认，如图 6-178 所示。

图 6-178

任务5 完成法兰弯头实体造型

（3）绘制法兰头的弯曲管道实体。选择 XY 平面为草图平面，点击状态控制栏中（草图）按钮，进入草图绘制环境。

点击曲线生成栏整圆命令 ⊕，选择底座的圆心为圆心，在立即菜单中选择"圆心 _ 半径"，输入半径为 25，回车确认。如图 6-179 所示。

图 6-179

按 F2 键，退出草图的编辑模式。按 F9 键，设置工作平面为 AZ 平面。

点击直线命令 ╱，在立即菜单中选择"两点线"→"连续"→"正交"→"长度方式"→"长度＝10"绘制一条线辅助线。如图 6-180 所示。

 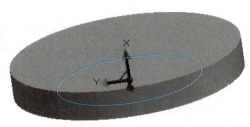

图 6-180

点击直线命 ╱，在立即菜单中选择"两点线"→"连续"→"正交"→"长度方式"→"长度＝100"绘制一条线辅助线。如制 6-181 所示。

图 6-181

点击曲线生成栏整圆命令 ⊕，选择长度 100 辅助直线的右端圆心，在立即菜单中选择"圆心 _ 半径"，输入半径为 100，回车确认，如图 6-182 所示。

点击几何变形栏平面旋转命令 ，选择 R100 圆的圆心为圆心，在立即菜单中选择"固定角度"→"拷贝"→"份数1"→"角度－60"，选择长度 100 和 10 的直线的直线为旋转对象，回车确认，如图 6-183 所示。

图 6-182

裁剪多余曲线，点击曲线编辑栏曲线裁剪命令 ，根据状态栏提示，点击要被裁剪掉多余的线段。并删除多余的线。

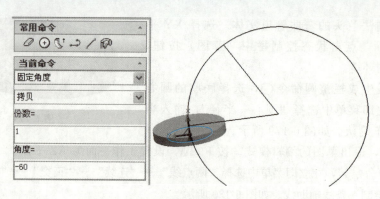

图 6-183

点击几何变形栏平面旋转命令，选择长度 100 的直线的上端点为旋转中心，在立即菜单中选择"固定角度"→"移动"→"角度 180"，选择长度为 10 的直线为旋转对象，回车确认，如图 6-184 所示。

删除长度为 100 的直线辅助线。如图 6-185 所示。

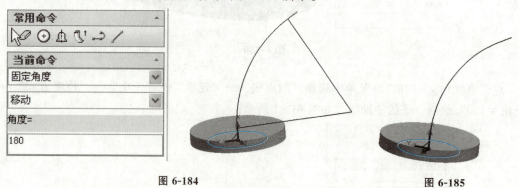

图 6-184　　　　　　　　　　　　　图 6-185

连接两条长度 10 的直线和中间的一段曲线，点击曲面编辑栏曲线组合命令，根据状态栏提示，选择三条线段，形成一个曲线。

点击特征生成栏导动增料命令，在立即菜单中选择"固定导动"→"选择下底上 R25 的圆为轮廓面线"→"选择刚刚组合成的曲线为轨迹线"，回车确认，如图 6-186 所示。

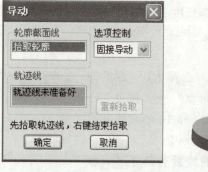

图 6-186

任务 5　完成法兰弯头实体造型

（4）绘制法兰头的弯曲管道。选择 XY 平面为草图平面，点击状态控制栏中（草图）按钮，进入草图绘制环境。

点击曲线生成栏整圆命令 ⊕，选择底座的圆心为圆心，在立即菜单中选择"圆心_半径"，输入半径为20，回车确认，如图 6-187 所示。

图 6-187

按 F2 键，退出草图的编辑模式。按 F9 键，设置工作平面为 AZ 平面点击特征生成栏导动除料命令 ，在立即菜单中选择"固定导动"→"选择刚刚绘制的草图 4"→"选择刚刚组合成的曲线为轨迹线"，回车确认，如图 6-188 所示。

图 6-188

（5）绘制法兰头的上底座。点击特征生成栏构造基准面命令 ，在立即菜单中选择"等距平面确定基准面"→"距离：0"→"构造条件：地盘的上表面"，生成基准面平面。如图 6-189 所示。

选择生成的基准平面为草图平面，点击状态控制栏中（草图）按钮，进入草图绘制环境。

按 F5 键，进入俯视图，如图 6-190 所示。

图 6-189　　　　　　图 6-190

点击曲线生成栏整圆命令 ⊕，选择底座的圆心为圆心，在立即菜单中选择"圆心_半径",输入半径为 40,回车确认。

点击曲线生成栏整圆命令⊕,选择底座的圆心为圆心,在立即菜单中选择"圆心_半径",输入半径为 20,回车确认。如图 6-191 所示。

点击几何变形栏平移命令,选择 R20 的圆为移动对象,在立即菜单中选择"偏移量"→"移动"→"DY:40",回车确认,如图 6-192 所示。

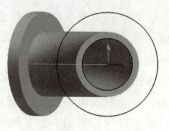

图 6-191

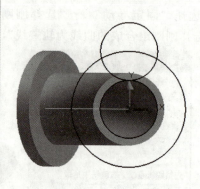

图 6-192

点击几何变形栏平移命令,选择 R20 的圆为移动对象,在立即菜单中选择"偏移量"→"移动"→"DY=-40",回车确认,如图 6-193 所示。

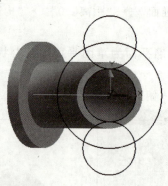

图 6-193

点击直线命令,在立即菜单中选择"两点线"→"连续"→"正交"→"点方式"连接大圆和小圆的切点绘制 4 条直线,如图 6-194 所示。

裁剪多余曲线,点击曲线编辑栏曲线裁剪命令,根据状态栏提示,点击要被裁剪掉多余的线段,并删除多余的线,使草图形成一个封闭的曲线框。如图 6-195 所示。

任务5 完成法兰弯头实体造型

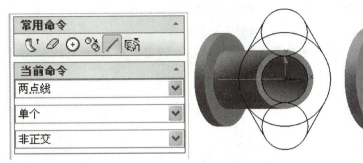
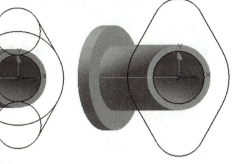

图 6-194　　　　　　　　　图 6-195

按 F2 键，退出草图的编辑模式，点击特征生成栏拉升增料命令，在立即菜单中选择"固定深度"→"深度：10"→拉升对象"草图"→拉升为"实体特征"，回车确认，如图6-196所示。

图 6-196

（6）绘制法兰头两侧管道实体。选择 YZ 平面为草图平面，点击状态控制栏中（草图）按钮，进入草图绘制环境。

点击直线命令，在立即菜单中选择"两点线"→"连续"→"正交"→"长度方式"→"长度＝100"绘制一条线辅助线。如图 6-197 所示。

图 6-197

点击几何变形栏平移命令，选择 R20 的圆为移动对象，在立即菜单中选择"偏移量"→"移动"→"DY=60"，回车确认，如图 6-198 所示。

点击曲线生成栏整圆命令，选择交点为圆心，在立即菜单中选择"圆心_半径"，输入半径为 17.5，回车确认，并删除不需要的辅助线，如图 6-199 所示。

图 6-198

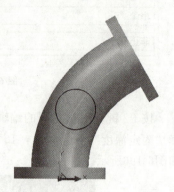
图 6-199

按 F2 键，退出草图的编辑模式，点击特征生成栏拉升增料命令，在立即菜单中选择"双向拉伸"→"深度：80"→拉升对象"草图"→拉升为"实体特征"，回车确认，如图6-200所示。

点击特征生成栏构造基准面命令，在立即菜单中选择"等距平面确定基准面"→"距离：0"→"构造条件：两侧管道任一侧面"，生成基准面平面。

选择生成的基准平面为草图平面，点击状态控制栏中（草图）按钮，进入草图绘制环境。

点击曲线生成栏整圆命令，选择外侧面的圆心为圆心，在立即菜单中选择"圆心_半径"，输入半径为 27.5，回车确认。如图 6-201 所示。

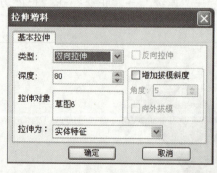

图 6-200

图 6-201

按 F2 键，退出草图的编辑模式，点击特征生成栏拉升增料命令，在立即菜单中选择"固定深度"→"深度：8"→拉升对象"草图"→拉升为"实体特征"，回车确认，同样方法绘制对面的管道。如图 6-202 所示。

（7）绘制法兰头地盘上小凸台。点击直线命令，在立即菜单中选择"两点线"→

任务5　完成法兰弯头实体造型

"连续"→"正交"→"长度方式"→"长度＝100"绘制一条线辅助线。如图 6-203 所示。

图 6-202　　　　　　　　　　　　　　　　图 6-203

点击特征生成栏构造基准面命令，在立即菜单中选择"过直线与平面成夹角"→"角度：90"→"构造条件：地盘的上表面为面"→"构造条件：刚刚绘制的辅助线为直线"，生成基准面平面。如图 6-204 所示。

选择生成的基准平面为草图平面，点击状态控制栏中（草图）按钮，进入草图绘制环境。绘制小凸台的草图形状如图 6-205 所示。

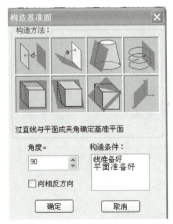

图 6-204

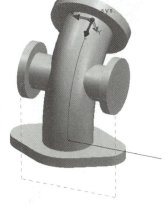

图 6-205

按 F2 键，退出草图的编辑模式，点击特征生成栏拉升增料命令，在立即菜单中选择"固定深度"→"深度：32"→拉升对象"草图"→拉升为"实体特征"，回车确认，如图 6-206 所示。

（8）绘制法兰头各端面上的孔。按 F6 键，选择图形的侧视图，如图 6-207 所示。

选择侧视图上圆形侧面为绘图平面，绘制打孔辅助线。如图 6-208 所示。

图 6-206

项目6 特征造型

图 6-207

图 6-208

点击特征生成栏打孔命令,选择平面,选择打孔形状及孔深,单击下一步,回车确认。如图 6-209 所示。

图 6-209

删除辅助线后如图 6-210 所示。

同理对另一个侧面进行打孔。如图 6-211 所示。

图 6-210

图 6-211

按 F5 键,选择图形的俯视图,并绘制辅助线,并对地盘上打孔,过程如图 6-212 所示。

任务5 完成法兰弯头实体造型

图 6-212

删除所有的辅助线,如图 6-213 所示。

图 6-213

任务考核

表 6-5 任务实施评价表

姓名:_____　　　　　　　　　　　　　班级:_____

序号	检测内容与要求	分值	学生自评 (25%)	小组互评 (25%)	教师评价 (50%)
1	学习态度	5			
2	安全、规范、文明操作	5			
3	法兰盘的圆形底座	10			
4	法兰盘身的导动增料	10			
5	法兰盘身孔的导动除料	10			
6	法兰盘的非圆形底座	10			
7	法兰盘非圆形底座的打孔	5			
8	法兰盘非圆形底座孔的镜像	10			
9	法兰盘身上外凸台阶	5			
10	法兰盘底座上打孔	10			
11	法兰盘底座孔的阵列	10			

项目6　特征造型

续表

序号	检测内容与要求	分值	学生自评（25%）	小组互评（25%）	教师评价（50%）
12	新建文件任务 6-5.mxe，并存到指定目录	10			
	总　　分	100	合计：		
问题记录和解决办法	记录任务实施中出现的问题和采取的解决方法				

复习思考

6-1. 草图的新建、修改、推出的方法有哪些？
6-2. 绘制的图形在草图模式中重不重要？有什么区别？
6-3. 三视图有哪些切换方式？
6-4. 拉升增料和拉升除料的方法有哪些？
6-5. 绘图的工作平面有哪些，如何切换？
6-6. 三视图和绘图工作平面有什么区别，两者之间有哪些区别和联系？
6-7. 什么是平面过渡？平面过渡的方法有哪些？
6-8. 倒角有哪些种类，选择倒角有哪些参数，参数间如何切换？
6-9. 打孔有哪些种类，选择打孔有哪些参数，参数间如何切换？
6-10. 什么是拔模操作？拔模操作中的注意点有哪些？
6-11. 抽壳有哪些种类，选择倒角有哪些参数，参数间如何切换？
6-12. 筋板操作时，钣金的草图绘制有哪些注意点？筋板设置的参数有哪些？
6-13. 复杂基准面的设置方法有哪些？构造基准面有什么特殊作用？
6-14. 导动增料的方法有哪些？有哪些参数需要设置，轨迹线有什么注意点？
6-15. 导动除料的方法有哪些？有哪些参数需要设置，轨迹线有什么注意点？

项目 7

平面类零件数控加工

章前导读

数控加工也称为 NC（Numerical Control）加工，数控加工是将待加工零件进行数字化表达，数控机床按数字量控制刀具和零件的运动，从而实现零件加工的过程。被加工零件采用线架、曲面、实体等几何体来表示，CAM 系统在零件几何体基础上生成刀具轨迹，经过后置处理生成加工代码，将加工代码通过传输介质传给数控机床，数控机床按数字量控制刀具运动，完成零件加工。CAM 系统的编程基本步骤包括：加工工艺的确定、加工模型建立、刀具轨迹生成、后置代码生成、加工代码输出，生成数控指令之后，可通过计算机的标准接口与机床直接连通，将数控加工代码传输到数控机床，控制机床各坐标的伺服系统，驱动机床。

数控加工机床与编程技术两者的发展是紧密相关的。数控加工机床的性能提升推动了编程技术的发展，而编程手段的提高也促进了数控加工机床的发展，两者相互依赖。现代数控技术在向高精度、高效率、高柔性和智能化方向发展，而编程方式也越来越丰富。虽然数控编程的方式多种多样，目前占主导地位的仍是采用 CAD/CAM 数控编程系统进行编程。

20 世纪 90 年代以前，市场上销售的 CAD/CAM 软件基本上为国外的软件系统。20 世纪 90 年代以后国内在 CAD/CAM 技术研究和软件开发方面进行了卓有成效的工作。尤其是以 PC 机动性平台的软件系统，其功能已能与国外同类软件相当，并在操作性、本地化服务方面具有优势。随着国家加工制造业的迅猛发展，数控加工技术得到空前广泛的应用，CAD/CAM 软件得到了日益广泛的普及和应用。

项目7 平面类零件数控加工

任务1 花形凸模建模与仿真加工

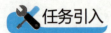任务引入

根据图 7-1 所示零件图，完成零件的加工建模。选择合理的加工方式生成零件的加工轨迹并进行必要的后置处理生成加工代码（毛坯为 110 mm×110 mm×22 mm 的长方体）。

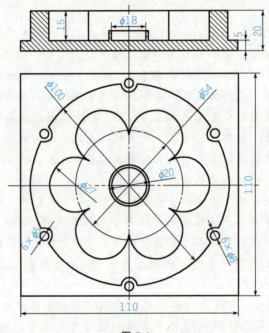

图 7-1

任务分析

花形凸模零件图是由主视图和俯视图组成。根据零件的特点，主要采用拉伸增料、拉伸除料建模。加工方法主要采用平面区域粗加工、平面轮廓精加工与钻孔加工，粗加工尽可能的去除毛坯材料。加工过程包括粗精加工轨迹生成及校验、后置处理及加工代码生成。

相关知识

1. 通用参数设置

1) 接近返回

"接近返回"选项卡菜单在大部分加工方法中都存在，其作用是设定加工过程中刀具

切入切出方式，接近方式有以下 4 种情况：

（1）"不设定"。不设定水平接近。

（2）"直线"。长度：输入直线接近的长度，输入 0 时，不附加直线。角度：输入接近直线的角度。

（3）"圆弧"。设定圆弧接近。所谓圆弧接近是指在轮廓加工等功能中，从形状的相切方向开始以圆弧的方式接近工件。

圆弧半径：输入接近圆弧半径。输入 0 时，不添加圆弧。输入负值时，以刀具直径的倍数作为圆弧接近。

终端延长量：与圆弧相切线的长度。

延长线转角：与圆弧相切直线的旋转角度，范围 $-90°\sim 90°$。

（4）"强制"。通过手动输入坐标或者鼠标拾取坐标，限制下刀点位置。

2）下刀方式

"下刀方式"选项卡菜单在所有加工方法中都存在，其作用是设定加工过程中刀具下刀方式。

3）安全高度

刀具快速移动而不会与毛坯或模型发生干涉的高度，有相对与绝对两种模式，单击相对或绝对按钮可以实现两者的互换。

相对：以切入或切出、切削开始或切削结束位置的刀位点为参考点。

绝对：以当前加工坐标系的 XOY 平面为参考平面。

拾取：单击后可以从工作区选择安全高度的绝对位置高度点。

4）慢速下刀距离

在切入或切削开始前的一段刀位轨迹的位置长度，这段轨迹以慢速下刀速度垂直向下进给。有相对与绝对两种模式，单击相对或绝对按钮可以实现两者的互换。

5）退刀距离

在切出或切削结束后的一段刀位轨迹的位置长度，这段轨迹以退刀速度垂直向上进给。有相对与绝对两种模式，单击相对或绝对按钮可以实现两者的互换。

6）切入方式

CAXA2016 提供了 4 种通用的切入方式，几乎适用于所有的铣削加工策略。

（1）"垂直"。在两个切削层之间刀具从上一层的高度直接切入工件毛坯。

（2）"螺旋"。在两个切削层之间，刀具从上一层的高度沿螺旋线以渐进的方式切入工件毛坯，直到下一层的高度，然后开始正式切削。

（3）"倾斜"。在两个切削层之间，刀具从上一层的高度沿斜线渐进切入工件毛坯，直到下一层的高度，然后开始正式切削。

（4）"渐切"。输入长度，当刀具与毛坯的距离为这个长度时，慢速切入。

7）切削用量

"切削用量"选项卡菜单在所有加工方法中都存在，其作用是设定切削过程中所有速度值。

（1）"主轴转速"。设定主轴转速的大小，单位 rpm（转/分）。

（2）"慢速下刀速度（F0）"。设定慢速下刀轨迹段的进给速度的大小，单位 mm/分。

(3)"切入切出连接速度（F1）"。设定切入轨迹段，切出轨迹段，连接轨迹段，接近轨迹段，返回轨迹段的进给速度的大小，单位 mm/分。

(4)"切削速度（F2）"。设定切削轨迹段的进给速度的大小，单位 mm/分。

(5)"退刀速度（F3）"。设定退刀轨迹段的进给速度的大小，单位 mm/分。

2. 平面区域粗加工参数

该加工方法属于两轴加工，其优点是不必有三维模型，只要给出零件的外轮廓和岛屿，就可以生成加工轨迹，支持轮廓与岛屿的分别设置，生成的轨迹速度较快。主要用于铣平面与铣槽，可进行斜度的设置，自动标记钻孔点。轮廓与岛屿应在同一平面内，不支持岛中岛的加工，即不支持岛屿的嵌套。

1）走刀方式

(1)"平行加工"。刀具以平行走刀方式切削工件。可改变生成的刀位行与 X 轴的夹角。可选择单向还是往复方式。

(2)"单向"。刀具以单一的顺铣或逆铣方式加工工件。

(3)"往复"。刀具以顺逆混合方式加工工件。

(4)"环切加工"。刀具以环状走刀方式切削工件。可选择从里向外还是从外向里的方式。

2）拐角过渡方式

拐角过渡就是在切削过程遇到拐角时的处理方式，有以下两种情况。

(1)"尖角"。刀具从轮廓的一边到另一边的过程中，以两条边延长后相交的方式连接。

(2)"圆弧"。刀具从轮廓的一边到另一边的过程中，以圆弧的方式过渡。过渡半径＝刀具半径＋余量。

3）拔模基准

当加工的工件带有拔模斜度时，工件顶层轮廓与底层轮廓的大小不一样。

(1)"底层为基准"。加工中所选的轮廓是工件底层的轮廓。

(2)"顶层为基准"。加工中所选的轮廓是工件顶层的轮廓。

4）区域内抬刀

在加工有岛屿的区域时，轨迹过岛屿时是否抬刀，选"是"就抬刀，选"否"就不抬刀。此项只对平行加工的单向有用。

(1)"否"。在岛屿处不抬刀。

(2)"是"。在岛屿处直接抬刀连接。

5）加工参数

(1)"顶层高度"。零件加工时起始高度的高度值，一般来说，也就是零件的最高点，即 Z 最大值。

(2)"底层高度"。零件加工时，所要加工到的深度的 Z 坐标值，也就是 Z 最小值。

(3)"每层下降高度"。刀具轨迹层与层之间的高度差，即层高。每层的高度从输入的顶层高度开始计算。

(4)"行距"。是指加工轨迹相邻两行刀具轨迹之间的距离。

6）轮廓参数

(1)"余量"。给轮廓加工预留的切削量。

(2)"斜度"。以多大的拔模斜度来加工。

(3)"补偿"。ON：刀心线与轮廓重合。TO：刀心线未到轮廓一个刀具半径。PAST：刀心线超过轮廓一个刀具半径。

7）岛屿参数

(1)"余量"。给轮廓加工预留的切削量。

(2)"斜度"。以多大的拔模斜度来加工。

(3)"补偿"。ON：刀心线与岛屿线重合。TO：刀心线超过岛屿线一个刀具半径。PAST：刀心线未到岛屿线一个刀具半径。

8）标识钻孔点

选择该项自动显示出下刀打孔的点。

3. 平面轮廓精加工

平面轮廓精加工参数适用 2/2.5 轴精加工，不必有三维模型，只要给出零件的外轮廓和岛屿，就可以生成加工轨迹。支持具有一定拔模斜度的轮廓轨迹生成，可以为每次的轨迹定义不同的余量。生成轨迹速度较快，加工时间较短。这种加工方式在毛坯与零件形状几乎一致时，最能体现优势，否则会出现许多空行程，影响加工效率。

1）加工参数

(1) 加工精度。输入模型的加工精度。计算模型的轨迹的误差小于此值。加工精度越大，模型形状的误差也增大，模型表面越粗糙。加工精度越小，模型形状的误差也减小，模型表面越光滑，但是，轨迹段的数目增多，轨迹数据量变大。

(2) 刀次。生成的刀位的行数。

(3) 拔模斜度。为了方便出模而在模腔两侧设计的斜度。

2）偏移方向

偏移：对于加工方向，生成加工边界右侧还是左侧的轨迹。偏移侧由偏移方向指定。对于加工方向，相对加工范围偏移在哪一侧，有以下两种选择。

(1) 右：在右侧生成偏移轨迹。

(2) 左：在左侧生成偏移轨迹。

3）偏移类型

TO：刀心线未到轮廓一个刀具半径。PAST：刀心线超过轮廓一个刀具半径。ON：刀心线与轮廓重合。如图 7-2 所示。

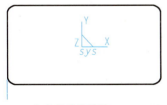 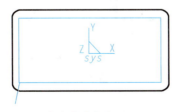 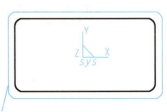

(a) 偏移类型ON　　　　(b) 偏移类型TO　　　　(c) 偏移类型PAST

图 7-2

项目7 平面类零件数控加工

1. 轮廓线的生成

(1) 启动 CAXA 制造工程师 2016，以 "任务 7-1.mxe" 为文件名，保存至 D 盘根目录下 "CAXA 机械制造工程师" 文件夹内。

(2) 选择 XY 平面为绘图平面。

(3) 绘制矩形 110×110 mm。单击曲线生成工具栏上的 "矩形" 按钮 ▢，在立即菜单中选择矩形方式为 "中心_长_宽"，在长度、宽度对话框分别输入110，按 Enter 键，鼠标拾取坐标原点，确定。如图7-3所示。

图 7-3

(4) 绘制整圆。单击曲线生成工具栏上的 "整圆" 按钮 ⊙，在立即菜单中选择做圆方式为 "圆心_半径"，按 Enter 键，在弹出的对话框中先后输入圆心（0,0,0），半径 $R=100$ 并确认，然后单击鼠标右键结束该圆的绘制。或用鼠标拾取坐标原点，按 Enter 键，半径分别为 $R=20$，$R=18$，并确认，然后单击鼠标右键结束两圆的绘制。按同样方法输入圆心（27,0,0），半径 $R=13.5$，绘制另一圆，并连续单击鼠标右键两次退出圆的绘制。结果如图 7-4 所示。

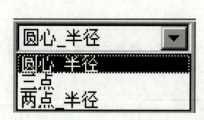

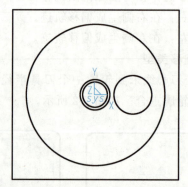

图 7-4

(5) 花槽的绘制。单击几何变换工具栏中的按钮 ⊞，在特征树下方的立即菜单中选择 "圆形" 阵列方式，分布形式 "均布"，份数 "6"，用鼠标左键拾取 φ27 整圆，单击鼠标右键确认，然后根据提示输入中心点坐标（0,0,0），也可以直接用鼠标拾取坐标原点，系统会自动生成。点击曲线编辑栏曲线裁剪命令 ✂，根据状态栏提示，点击要被裁剪掉的部分圆弧。结果如图7-5所示。

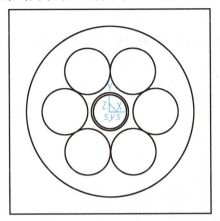
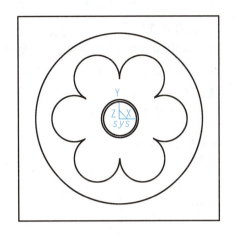

图 7-5

2. 花形凸模造型

根据零件的特点，主要采用拉伸增料、拉伸除料造型，笔者在此不进行详细介绍，请读者自己完成零件的造型。结果如图7-6所示。

图 7-6

3. 生成加工边界、定义毛坯

小提示：为实体仿真加工的需要，需要定义毛坯，而在实际加工中不需要定义毛坯。另外加工边界线指生成有效加工轨迹的界限，不是所有的加工方法都需要加工边界线。

（1）单击曲线生成工具栏上的"矩形"按钮，在立即菜单中选择矩形方式为"中心_长_宽"，在长度、宽度对话框分别输入120，按 Enter 键，鼠标拾取坐标原点，确定。

（2）在特征树中双击【毛坯】图标，在绘图区弹出【定义毛坯】对话框，分别拾取120×120 mm 矩形两对角，参数设定如图所示，点击【确定】，生成加工毛坯。结果如图7-7所示。

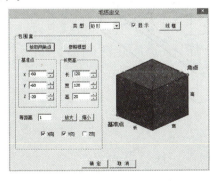
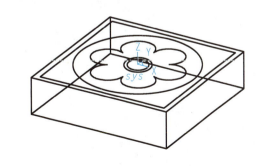

图 7-7

4. 粗精加工轨迹生成及校验

1) 钻孔加工

(1) 单击曲线生成工具栏上的"整圆"按钮 ⊕，做六个辅助圆，点击【孔加工】指令，输入加工参数，选取直径为 φ5 的麻花钻，点击【拾取圆弧】依次选取 6 个辅助圆，点击【拾取存在点】选取坐标原点，选取完毕后，点击【确定】。生成加工轨迹，并在轨迹树中显示。结果如图 7-8 所示。

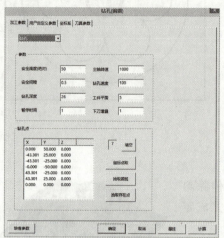
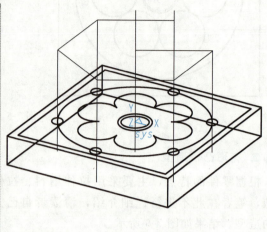

图 7-8

(2) 点击【孔加工】指令，输入加工参数，点击【拾取圆弧】依次选取 6 个辅助圆，点击【拾取存在点】选取坐标原点，选取完毕后，选取直径为 φ8 的麻花钻，点击【确定】。生成加工轨迹，并在轨迹树中显示，结果如图 7-9 所示。

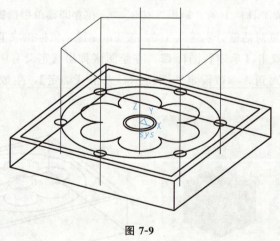

图 7-9

2) 外轮廓粗加工

(1) 选择【平面轮廓粗加工】命令，填写加工参数，如图 7-10 所示；填写清根参数，如图 7-11 所示；填写接近返回参数，如图 7-12 所示；填写下刀方式参数，如图 7-13

所示；填写切削用量参数，如图 7-14 所示；填写刀具参数，如图 7-15 所示。全部填写完毕后，点击 确定 。

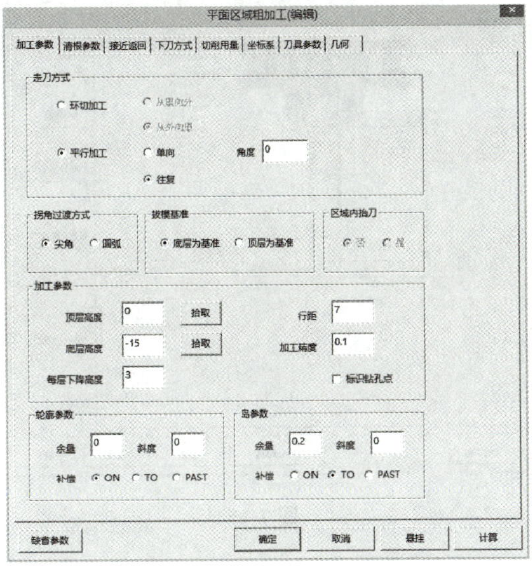

图 7-10

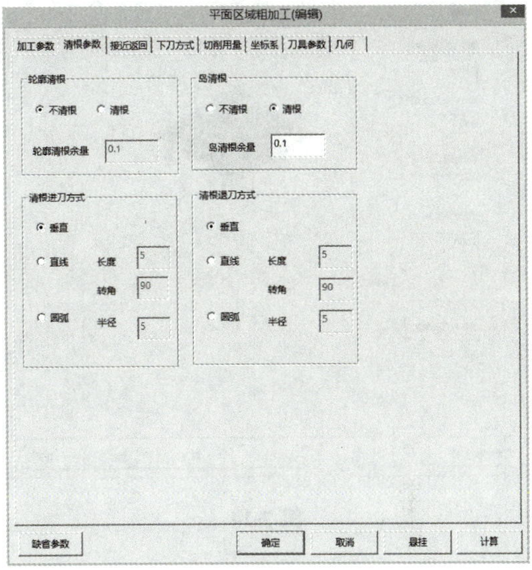

图 7-11

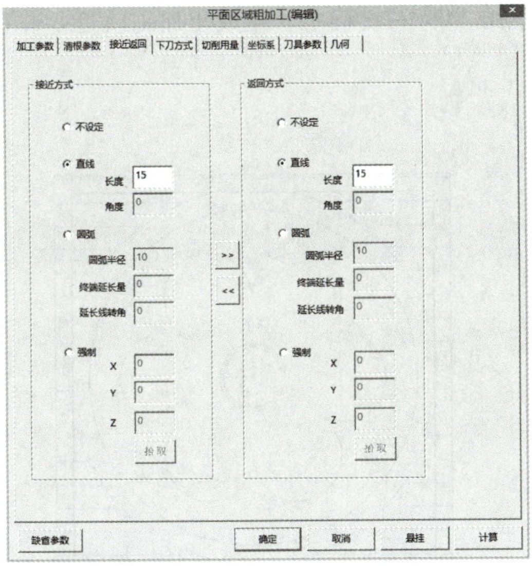

图 7-12

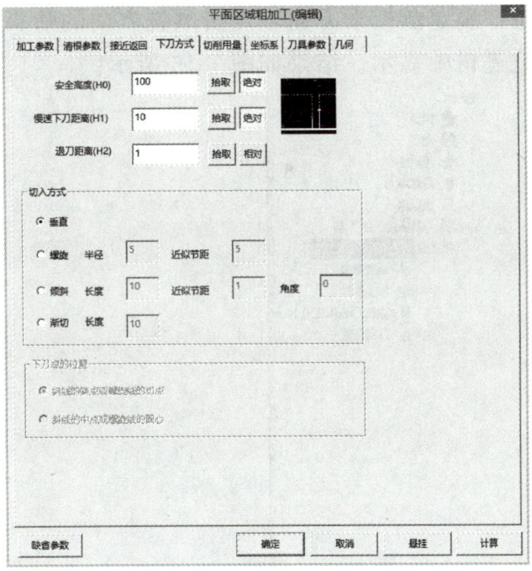

图 7-13

项目7 平面类零件数控加工

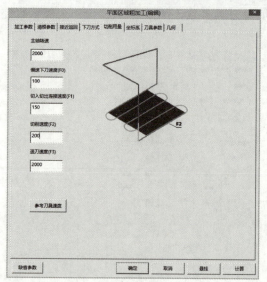

图 7-14

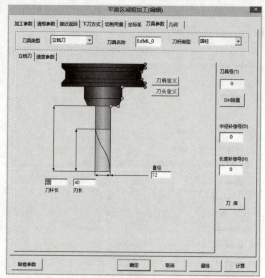

图 7-15

（2）根据【系统提示栏】的提示，"请拾取轮廓曲线"拾取 120×120 矩形一个边，弹出"确定链搜索方向"点击顺铣方向的箭头，弹出"请拾取岛屿曲线"拾取 ϕ100 圆，弹出"确定链搜索方向"点击顺铣方向的箭头，点击鼠标右键确定，生成粗加工轨迹，并在轨迹树中显示。结果如图 7-16 所示。

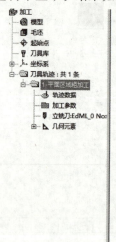

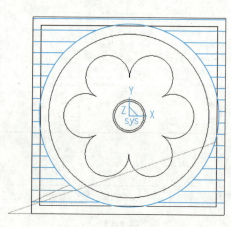

图 7-16

（3）在轨迹树轨迹文件夹或绘图区拾取轨迹线，鼠标右击，进入仿真界面，结果如图 7-17 所示。

任务1 花形凸模建模与仿真加工

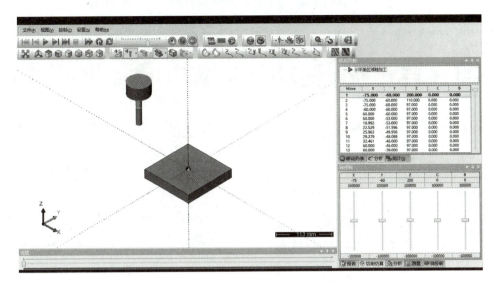

图 7-17

（4）在仿真加工对话框中，点击【播放】按钮，点击【播放】按钮，仿真结果如图7-18所示。

（5）检查加工零件是否有过切和欠切现象，是否需要修改轨迹。可根据仿真结果对轨迹进行必要的修改，然后再进行仿真检验。确定准确无误后，关闭仿真窗口，在主界面轨迹树中右击轨迹文件，隐藏粗加工轨迹线。

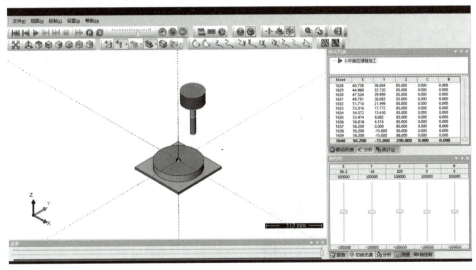

图 7-18

3）外轮廓精加工

（1）选择【平面轮廓精加工】 命令，填写加工参数，如图7-19所示；填写接近返回参数，如图7-20所示；填写下刀方式参数，如图7-21所示；填写切削用量参数，如图7-22所示；填写刀具参数，如图7-23所示。全部填写完毕后，点击 。

项目 7　平面类零件数控加工

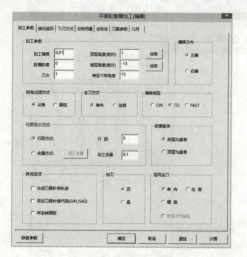

图 7-19

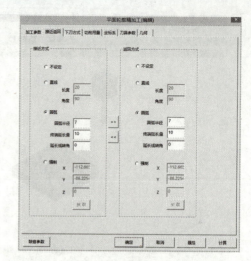

图 7-20

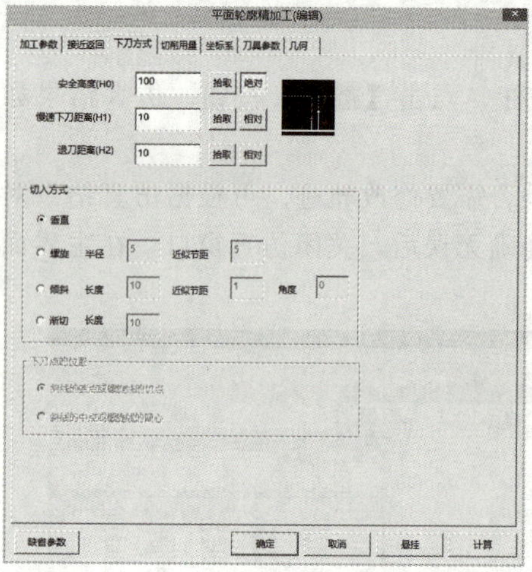

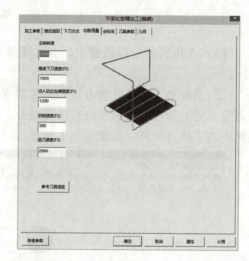

图 7-21

图 7-22

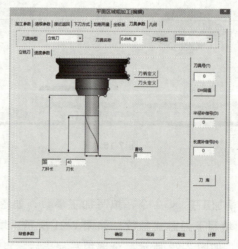

图 7-23

（2）根据【系统提示栏】的提示，"请拾取轮廓曲线"拾取φ100外圆，弹出"确定链搜索方向"点击顺铣方向的箭头，点击鼠标右键确定，"请拾取进刀点"点击鼠标右键确定，"请拾取退刀点"点击鼠标右键确定，生成精加工轨迹，并在轨迹树中显示，结果如图7-24所示。

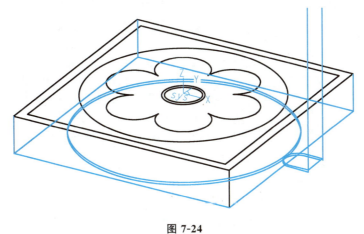

图 7-24

（3）在轨迹树轨迹文件夹或绘图区拾取轨迹线，鼠标右击，进入仿真界面，点击【播放】。结果如图7-25所示。

图 7-25

4）花槽粗加工

（1）选择【平面轮廓粗加工】命令 ▣ ，填写加工参数，如图7-26所示；填写清根参数，如图7-27所示；填写切削用量参数，如图7-28所示；填写刀具参数，如图7-29所示。全部填写完毕后，点击 确定 。

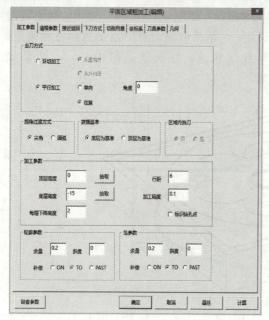

图 7-26

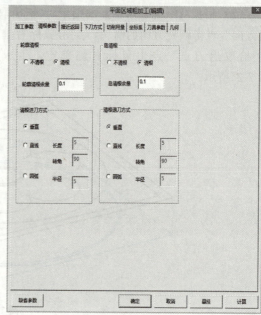

图 7-27

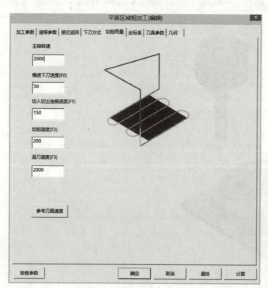

图 7-28

图 7-29

(2) 根据【系统提示栏】的提示，"请拾取轮廓曲线"拾取花槽轮廓，弹出"确定链搜索方向"点击顺铣方向的箭头，弹出"请拾取岛屿曲线"拾取 $\phi100$ 圆，弹出"确定链搜索方向"点击顺铣方向的箭头，点击鼠标右键确定，生成粗加工轨迹，并在轨迹树中显示。结果如图 7-30 所示。

(3) 选择【平面轮廓粗加工】命令 ，填写加工参数，如图 7-31 所示。

任务 1　花形凸模建模与仿真加工

图 7-30

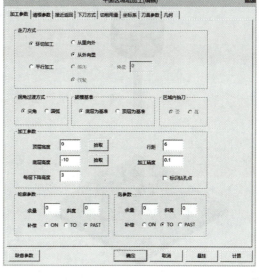

图 7-31

（4）根据【系统提示栏】的提示，"请拾取轮廓曲线"拾取 φ20 外圆，弹出"确定链搜索方向"点击顺铣方向的箭头，弹出"请拾取岛屿曲线"点击鼠标右键确定，生成粗加工轨迹，并在轨迹树中显示。结果如图 7-32 所示。

图 7-32

（5）按住 Ctrl 键在轨迹树轨迹文件夹或绘图区拾取轨迹线，鼠标右击，进入仿真界面，点击【播放】。结果如图 7-33 所示。

5）花槽精加工

（1）选择【平面轮廓精加工】命令，填写加工参数，如图 7-34 所示；填写接近返回参数，如图 7-35 所示；填写切削用量参数，如图 7-36 所示；其余参数全部填写完毕后，点击 确定 。

项目7 平面类零件数控加工

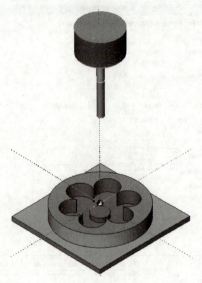

图 7-33

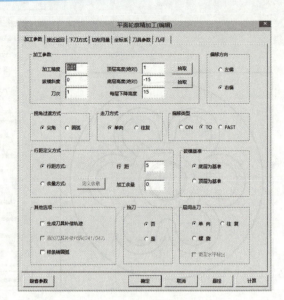

图 7-34

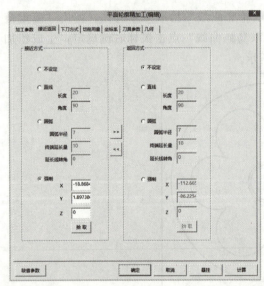

图 7-35

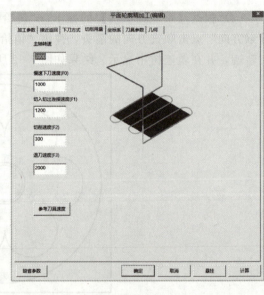

图 7-36

（2）根据【系统提示栏】的提示，"请拾取轮廓曲线"拾取花槽轮廓，弹出"确定链搜索方向"点击顺铣方向的箭头，点击鼠标右键确定，"请拾取进刀点"点击鼠标右键确定，"请拾取退刀点"点击鼠标右键确定，生成精加工轨迹，并在轨迹树中显示。结果如图 7-37 所示。

任务1　花形凸模建模与仿真加工

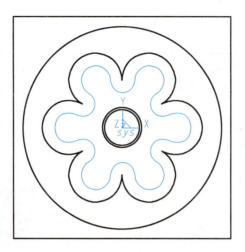

图 7-37

（3）选择【平面轮廓精加工】命令，填写加工参数，如图 7-38 所示；填写切削用量参数，如图 7-39 所示；全部填写完毕后，点击 确定 。

图 7-38

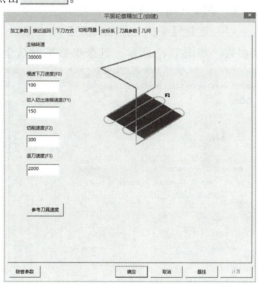

图 7-39

（4）根据【系统提示栏】的提示，"请拾取轮廓曲线"拾取 φ20 外圆轮廓，弹出"确定链搜索方向"点击顺铣方向的箭头，点击鼠标右键确定，"请拾取进刀点"点击鼠标右键确定，"请拾取退刀点"点击鼠标右键确定，生成精加工轨迹，并在轨迹树中显示。结果如图 7-40 所示。

（5）按住 Ctrl 键在轨迹树轨迹文件夹或绘图区拾取轨迹线，鼠标右击，进入仿真界面，点击【播放】。结果如图 7-41 所示。

项目7 平面类零件数控加工

图 7-40

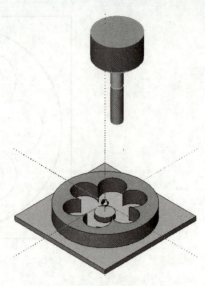

图 7-41

6）φ18 孔粗、精加工

（1）选择【平面轮廓粗加工】命令 ，填写加工参数，如图 7-42 所示；填写接近返回参数，如图 7-43 所示；其余参数按默认全部填写完毕后，点击 确定 。

图 7-42

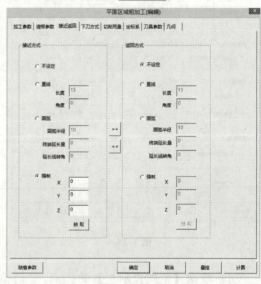

图 7-43

（2）根据【系统提示栏】的提示，"请拾取轮廓曲线"拾取 φ18 轮廓，弹出"确定链搜索方向"点击顺铣方向的箭头，弹出"请拾取岛屿曲线"点击鼠标右键确定，生成粗加工轨迹，并在轨迹树中显示。结果如图 7-44 所示。

任务1 花形凸模建模与仿真加工

图 7-44

（3）选择【平面轮廓精加工】命令，填写加工参数，如图 7-45 所示；填写切削用量参数，如图 7-46 所示；全部填写完毕后，点击 确定 。

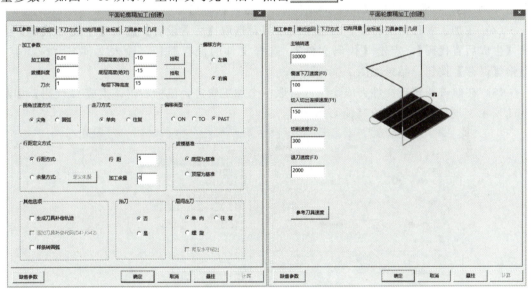

图 7-45　　　　　　　　　　　　　图 7-46

（4）根据【系统提示栏】的提示，"请拾取轮廓曲线"拾取 φ18 内孔轮廓，弹出"确定链搜索方向"点击顺铣方向的箭头，点击鼠标右键确定，"请拾取进刀点"点击鼠标右键确定，"请拾取退刀点"点击鼠标右键确定，生成精加工轨迹，并在轨迹树中显示。结果如图 7-47 所示。

（5）点击刀具轨迹文件，鼠标右击，进入仿真界面，点击【播放】。结果如图 7-48 所示。

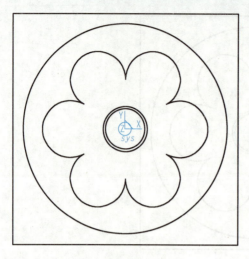

图 7-47

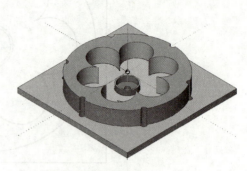

图 7-48

7) 后置处理及生成加工代码

(1) 在加工管理树窗口中，右击空白区域，选取【后置设置】选取【FANUC 系统】点击【编制】，后置设置参数如图 7-49 所示，点击【确定】。

(2) 在加工管理树窗口中，右击空白区域，选取【后置设置】选取【生成 G 代码】弹出【生成后置代码】，点击【代码文件】，选择文件的保存路径，输入文件名"O0001"，点击【保存】按钮。结果如图 7-50 所示。

(3) 在轨迹树轨迹文件夹或绘图区拾取一个加工轨迹，鼠标右击，生成 G 代码，如图 7-51 所示。同样的方法生成其他 G 代码。

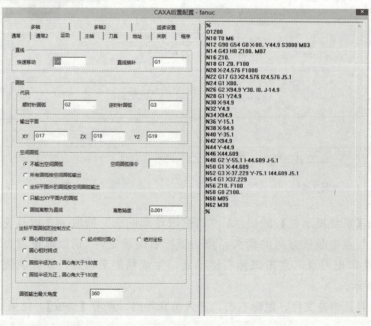

图 7-49

任务1　花形凸模建模与仿真加工

图 7-50

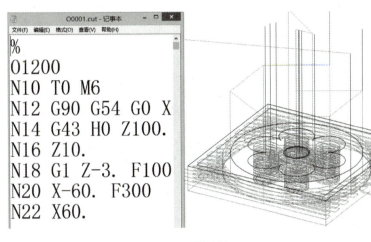

图 7-51

任务考核

表 7-1　任务实施评价表

姓名：_____　　　　　　　　　　　　　　　　　　　　班级：_____

序号	检测内容与要求	分值	学生自评（25％）	小组互评（25％）	教师评价（50％）
1	学习态度	5			
2	安全、规范、文明操作	5			
3	完整零件图的绘制	10			
4	孔 $\phi 8$、孔 $\phi 5$ 仿真加工	10			
5	外轮廓的粗加工	10			
6	外轮廓的精加工	10			
7	花槽的粗加工	10			
8	花槽的精加工	10			

续表

序号	检测内容与要求	分值	学生自评（25%）	小组互评（25%）	教师评价（50%）
9	φ20 粗加工	10			
10	φ20 精加工	10			
11	φ18 粗加工	5			
12	φ18 粗加工	5			
	总　　分	100	合计：		
问题记录和解决办法	记录任务实施中出现的问题和采取的解决方法				

任务 2　凸轮建模与加工

任务引入

根据如图 7-52 所示零件图，完成零件的加工建模。选择合理的加工方式生成零件的加工轨迹并进行必要的后置处理生成加工代码，与机床通信并进行加工。

$p(t) = 100 + 40 \times t/(3.1415926 \times 2)$

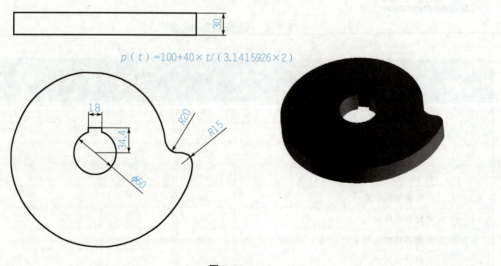

图 7-52

任务2 凸轮建模与加工

凸轮零件图是由主视图和俯视图组成。

根据零件的特点，外轮廓采用拉伸增料、内轮廓采用拉伸除料建模。

加工方法主要采用平面轮廓精加工，粗加工尽可能的去除毛坯材料。加工过程包括粗精加工轨迹生成及校验、后置处理及加工代码生成、机床通信加工。

1. RS－232 串口通信参数

RS－232 接口在数控机床上有 9 针或 25 针串口，其特点是简单，用一根 RS232C 电缆和电脑进行连接，实现在计算机和数控机床之间进行系统参数、PMC 参数、螺距补偿参数、加工程序、刀补等数据传输，完成数据备份和数据恢复，以及 DNC 加工和诊断维修。如图 7-53 所示。

图 7-53

1) 端口参数和设置

串口通信最重要的参数是波特率、数据位、停止位、奇偶校验和流控制。对于两个进行通行的端口，这些参数必须相同，否则不能正常通信。

2) 波特率

这是一个衡量通信速度的参数。它表示每秒钟传送的 bit 的个数。

3) 数据位

这是衡量通信中实际数据位的参数。当计算机发送一个信息包，实际的数据不会是 8 位的，标准的值是 5、7 和 8 位。如何设置取决于想传送的信息。比如，标准的 ASCII 码是 0～127（7 位）。

4) 停止位

用于表示单个包的最后一位。典型的值为 1，1.5 和 2 位。由于数据是在传输线上定时的，并且每一个设备有其自己的时钟，很可能在通信中两台设备间出现了小小的不同步。因此停止位不仅是表示传输的结束，并且提供计算机校正时钟同步的机会。

5) 奇偶校验位

在串口通信中一种简单的检错方式。有四种检错方式：偶、奇、高和低。当然没有校验位也是可以的。

6) 流控制

在进行数据通信的设备之间，以某种协议方式来告诉对方何时开始传送数据，或根据对方的信号来进入数据接收状态以控制数据流的启停，它们的联络过程就叫"握手"或

"流控制",RS232 可以用硬件握手或软件握手方式来进行通信。软件握手（Xon/Xoff）：通常用在实际数据是控制字符的情况下。只需三条接口线，即 "TXD 发送数据"、"RXD 接收数据" 和 "SG 信号地"，因为控制字符在传输线上和普通字符没有区别，这些字符在通信中由接收方发送，使发送方暂停。在计算机 CAXA 制造工程师软件中发送参数的设置图 7-54 所示。

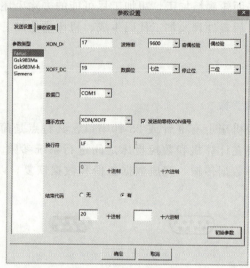

图 7-54

2. 数控机床

数控机床由程序载体、输入/输出装置、CNC 单元、伺服系统、位置反馈系统、机床本体组成。如图所示 7-55 示。

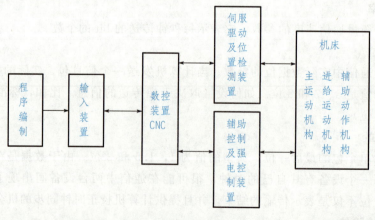

图 7-55

在数控机床上加工零件要经过以下的步骤：

1）准备阶段

根据加工零件的图纸，确定有关加工数据（刀具轨迹坐标点、加工的切削用量、刀具尺寸信息等）。根据工艺方案、选用的夹具、刀具的类型等选择有关的其他辅助信息。

加工零件有关的信息：

$\left\{\begin{array}{l}\text{工件与刀具相对运动轨迹的尺寸参数（进给执行部件的进给尺寸）}\\ \text{切削加工的工艺参数（主运动和进给运动的速度、切削深度等）}\\ \text{各种辅助操作（主运动变速、刀具变换、冷却润滑液启停、工作夹紧松开）}\end{array}\right.$

2）编程阶段

根据加工工艺信息，用机床数控系统能识别的语言编写数控加工程序（对加工工艺过程的描述），并填写程序单。

3）准备信息载体

根据已编好的程序单，将程序存放在信息载体（穿孔带、磁带、磁盘等）上，通过信息载体将全部加工信息传给数控系统。若数控加工机床与计算机联网时，可直接将信息载入数控系统。

4）加工阶段

当执行程序时，机床数控系统（CNC）将加工程序语句译码、运算，转换成驱动各运动部件的动作指令，在系统的统一协调下驱动各运动部件的适时运动，自动完成对工件的加工。

总的说来，数控机床就是将与加工零件有关的信息，用规定的文字、数字和符号组成的代码，按一定的格式编写成加工程序单，将加工程序通过控制介质输入到数控装置中，由数控装置经过分析处理后，发出各种与加工程序相对应的信号和指令控制机床进行自动加工。

任务实施

1. 绘制草图

（1）按 F5 键，为满足铣削要求，在 XOY 平面内绘图。在【曲线生成】工具栏，选择【公式曲线】命令 f(x)，弹出如图 7-56 所示的对话框，选中"极坐标系"选项，设置参数如图 7-56 所示。

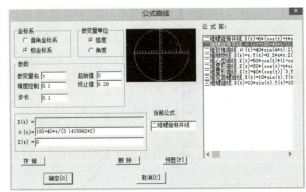

图 7-56

(2)点击【确定】按钮,此时公式曲线图形跟随鼠标,定位曲线端点到原点,如图7-57所示。

(3)在【曲线生成】工具栏,选择【直线】,在立即菜单中选择"两点线"、"连续"、"非正交",将公式曲线的两个端点连接,如图7-58所示。

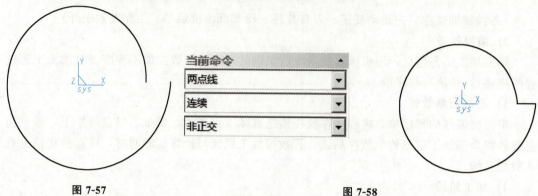

图 7-57　　　　　　　　　　　　　　　图 7-58

(4)在【曲线生成】工具栏,选择【整圆】,然后在原点处点击鼠标左键,按回车键,弹出输入半径文本框,设置半径为"30",设置如图7-59所示。

图 7-59

(5)在【曲线生成】工具栏,选择【直线】,在立即菜单中选择"两点线"、"连续"、"正交""长度方式"并输入长度9,回车,选择原点,并在右侧点击鼠标,长度为12的直线显示在工作环境中,依次在"长度"中输入34.4,9,如图7-60所示。

图 7-60

(6)在【几何变换栏】工具栏,选择【平面镜像】,弹出"镜像轴首点",鼠标点击原点,"镜像轴末点",鼠标点击步骤(5)最后一条直线的终点,弹出"拾取元素",依次选取已绘制的两条直线,鼠标点击确定,如图 7-61 所示。

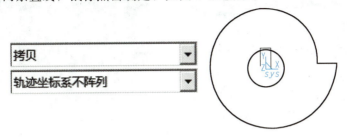

图 7-61

(7)在【线面编辑栏】工具栏,选择【曲面裁剪】指令和【删除】指令,对图形多余线条进行修剪删除,参数设置如图,修剪,如图 7-62 所示。

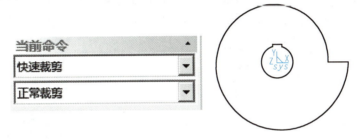

图 7-62

2. 实体造型

(1)拉伸增料。选择【拉伸增料】,在弹出的对话框中设置参数,单击确定。结果图 7-63 所示。

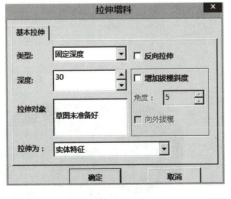 

图 7-63

(2)过渡。点击【特征工具栏】中【过渡】图标,分别设置"半径"为 20,15 参数如图 7-64 所示,点击确定。结果如图 7-64 所示。

项目7　平面类零件数控加工

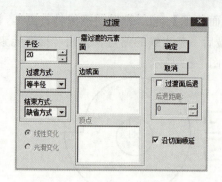
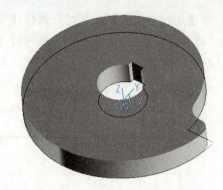

图 7-64

3. 凸轮加工

此例的加工范围直接拾取凸轮造型的实体边界线即可。

（1）选择【平面轮廓精加工】命令，填写加工参数，如图 7-65 所示；填写切削用量参数，如图 7-66 所示，全部填写完毕后，点击 确定 。

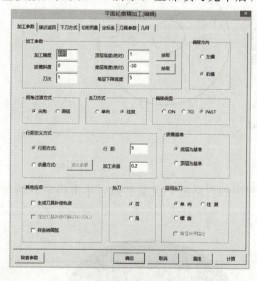

图 7-65　　　　　图 7-66

（2）根据【系统提示栏】的提示，"请拾取轮廓曲线"拾取凸轮轮廓，弹出"确定链搜索方向"点击顺铣方向的箭头，点击鼠标右键确定，"请拾取进刀点"点击鼠标右键确定，"请拾取退刀点"点击鼠标右键确定，生成粗加工轨迹，并在轨迹树中显示，如图 7-67 所示。

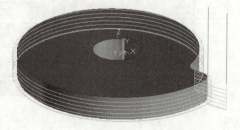

图 7-67

4. 凸轮精加工

（1）首先把粗加工的刀具轨迹隐藏掉。

（2）选择【平面轮廓精加工】命令，填写加工参数，如图 7-68 所示；填写切削用量参数，如图 7-69 所示，全部填写完毕后，点击 确定 。

图 7-68

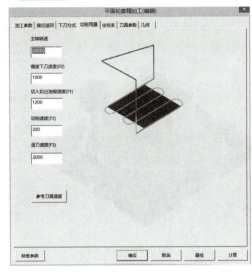
图 7-69

（3）根据【系统提示栏】的提示，"请拾取轮廓曲线"拾取凸轮轮廓，弹出"确定链搜索方向"点击顺铣方向的箭头，点击鼠标右键确定，"请拾取进刀点"点击鼠标右键确定，"请拾取退刀点"点击鼠标右键确定，生成精加工轨迹，并在轨迹树中显示，如图 7-70 所示。

 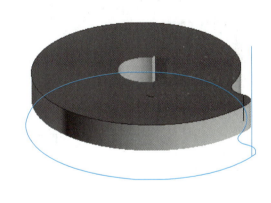

图 7-70

（4）点击刀具轨迹文件，鼠标右击，进入仿真界面，点击【播放】。效果如图 7-71 所示。

5. 后置处理及生成加工代码

（1）在加工管理树窗口中，右击空白区域，选取【后置设置】选取【FANUC 系统】点击【编制】，后置设置参数如图 7-72 所示，点击【确定】。

项目 7　平面类零件数控加工

图 7-71　　　　　　　　　　　　　　　图 7-72

（2）在加工管理树窗口中，右击空白区域，选取【后置设置】，选取【生成 G 代码】，弹出【生成后置代码】，点击【代码文件】，选择文件的保存路径，输入文件名"O0001"，点击【保存】按钮。如图 7-73 所示。

图 7-73

（3）在轨迹树轨迹文件夹或绘图区拾取一个加工轨迹，鼠标右击，生成 G 代码，如图 7-74 所示。

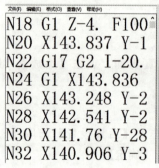 

图 7-74

（4）φ60孔的粗、精加工请读者利用所知进行加工，并考虑键槽的加工方法。笔者不再详细介绍。

任务考核

表 7-2　任务实施评价表

姓名：_____　　　　　　　　　　　　　　　班级：_____

序号	检测内容与要求	分值	学生自评（25%）	小组互评（25%）	教师评价（50%）
1	学习态度	5			
2	安全、规范、文明操作	5			
3	完整零件图的绘制	10			
4	凸轮的建模	20			
5	凸轮的粗加工	30			
6	凸轮的精加工	20			
7	键槽的加工	10			
8					
9					
10					
11					
12					
总分		100	合计：		
问题记录和解决办法	记录任务实施中出现的问题和采取的解决方法				

任务3　圆台曲面建模与仿真加工

根据图7-75所示零件图，完成零件的加工建模。选择合理的加工方式生成零件的加工轨迹并进行必要的后置处理生成加工代码，并进行仿真加工。

项目 7　平面类零件数控加工

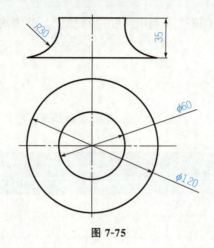

图 7-75

🔧 任务分析

圆台曲面零件图是由主视图和俯视图组成。

根据零件的特点，主要采用旋转面、平面进行曲面建模。

加工方法主要采用参数线加工。加工过程包括粗精加工轨迹生成及校验、后置处理及加工代码生成 G 代码。

🔍 相关知识

参数线精加工。

参数线精加工是生成单个或多个曲面的，按曲面参数线行进的刀具轨迹。对于自由曲面一般采用参数曲面方式来表达，因此按参数分别变化来生成加工刀位轨迹。

参数线精加工相关参数介绍

（1）"切入切出方式"。加工方向设定有以下 5 种选择。

①不设定。不使用切入切出。②直线。沿直线垂直切入切出。长度：指直线切入切出的长度。③圆弧。沿圆弧切入切出。半径：指圆弧切入切出的半径。④矢量。沿矢量指定的方向和长度切入切出。x、y、z：指矢量的三个分量。⑤强制。强制从指定点直线水平切入到切削点，或强制从切削点直线水平切出到指定点。x、y：指在与切削点相同高度的指定点的水平位置分量。

（2）"行距定义方式"。行距定义方式的设定有 3 种选择。残留高度为切削行间残留量距加工曲面的最大距离。刀次为切削行的数目。行距为相邻切削行的间隔。

（3）"遇干涉面"。当刀具遇到干涉面时，可以选择"抬刀"，也可以选择"投影"来避让。抬刀：通过抬刀，快速移动，"投影"在需要连接的相邻切削行间生成切削轨投影迹，通过切削移动来完成连接。

（4）"限制面"。限制加工曲面范围的边界面，作用类似于加工边界，通过定义第一和第二系列限制面可以将加工轨迹限制在一定的加工区域内。第一系列限制面指刀具轨迹的每一行，在刀具恰好碰第一系列限制面到限制面时（已考虑干涉余量）停止，即限制刀具轨迹每一行的尾。顾名思义，第一系列限制面可以由多个面组成。第二系列限制面限制刀具轨迹每一行的头。第二系列限制面同时用第一系列限制面和第二系列限制面可以得到刀具轨迹每行的中间段。第一系列限制面：定义是否使用第一系列限制面。第二系列限制面：定义是否使用第二系列限制面。

（5）"干涉检查"。指是否对加工曲面自身做干涉检查，定义是否使用干涉检查，防止过切。干涉（限制）余量处理干涉面或限制面时采用的加工余量（干涉面或限制面的余量）。

（6）"接近返回"。设定接近返回的切入切出方式。一般地，接近指从刀具起始点快速移动后以切入方式逼近切削接近点的那段切入轨迹，返回指从切削点以切出方式离开返回切削点的那段切出轨迹。不设定接近返回的切入切出。直线指刀具按给定长度，以直线方式向切削点平滑切入或从切削点平滑切出。长度指直线切入切出。

任务实施

1. 绘制草图

（1）绘制整圆。按 F5 键，为满足铣削要求，在"XOY"工作平面内绘图。在【曲线生成】工具栏，选择【整圆】命令在立即菜单中选择做圆方式为"圆心_半径"，按 Enter 键，在弹出的对话框中先后输入圆心（0，0，0），半径 $R=30$ 并确认，然后单击鼠标右键结束该圆的绘制。同样方法输入圆心（0，0，−35），半径 $R=60$ 绘制另一圆设置参数如图。并连续单击鼠标右键两次退出圆的绘制。结果如图 7-76 所示。

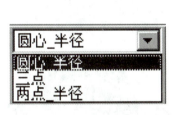
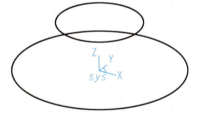

图 7-76

（2）绘制 R30 圆弧。单击 F7 切换"XOZ"工作平面，在【曲线生成】工具栏，选择【圆弧】命令 在立即菜单中选择做圆方式为"两点_半径"，鼠标分别选取两圆上缺省点，输入半径 $R=30$，通过鼠标调整圆弧所在的位置，按 Enter 键。在【曲线生成】工具栏，选择【直线】命令 在立即菜单中选择做直线方式如下图所示，选取坐标原点，点击鼠标左键，绘制一条辅助线，如图 7-77 所示。

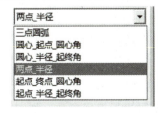
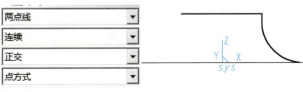

图 7-77

2. 曲面建模

（1）绘制 R30 旋转曲面。单击 F8 切换轴测图状态，在【曲面生成】工具栏，选择【旋转面】命令 ✿ 在立即菜单中输入起始角为"0"，终止角为"360"，弹出"拾取旋转轴（直线）"通过鼠标拾取步骤 2 中绘制的辅助直线，"选择方向"点击向上箭头，"拾取母线"点击 R30 圆弧，隐藏辅助直线生成如图 7-78 所示的曲面。

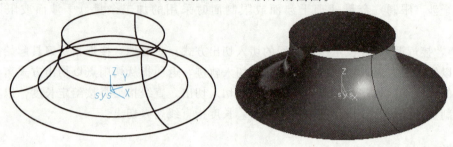

图 7-78

（2）绘制 φ60 的曲面。在【曲面生成】工具栏，选择【平面】命令 ▱ 在立即菜单中选择"裁剪平面"，弹出"拾取平面外轮廓线"，点击"空格键"在弹出的对话框中选择"单个拾取"命令，拾取 φ60 的轮廓线。在链拾取方向点击任意箭头，弹出"拾取第 1 个内轮廓线"双击鼠标右键，完成 φ60 曲面的绘制，如图 7-79 所示。

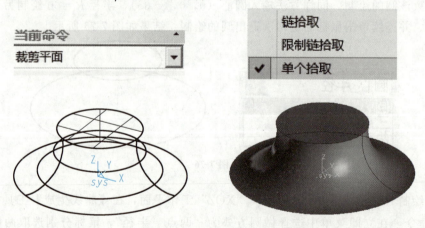

图 7-79

（3）绘制 φ120 的曲面。在【曲面生成】工具栏，选择【平面】命令 ▱ 在立即菜单中选择"裁剪平面"，弹出"拾取平面外轮廓线"，点击"空格键"在弹出的对话框中选择"单个拾取"命令，拾取 φ120 的轮廓线。在链拾取方向点击任意箭头，弹出"拾取第 1 个内轮廓线"双击鼠标右键，完成 φ120 曲面的绘制，如图 7-80 所示。

3. 曲面加工

（1）点击主菜单栏中【加工】→【常用加工】→【参数线精加工】或者点击加工工具栏中【参数线精加工】 ✦ ，填写加工参数，如图 7-81 所示；填写接近返回参数，如图 7-82 所示；填写切削用量参数，如图 7-83 所示；填写下刀方式参数，如图 7-84 所示；填写刀具参

任务3 圆台曲面建模与仿真加工

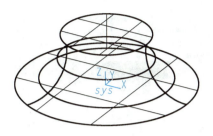 

图 7-80

数,如图7-85所示。全部填写完毕后,点击 。

图 7-81

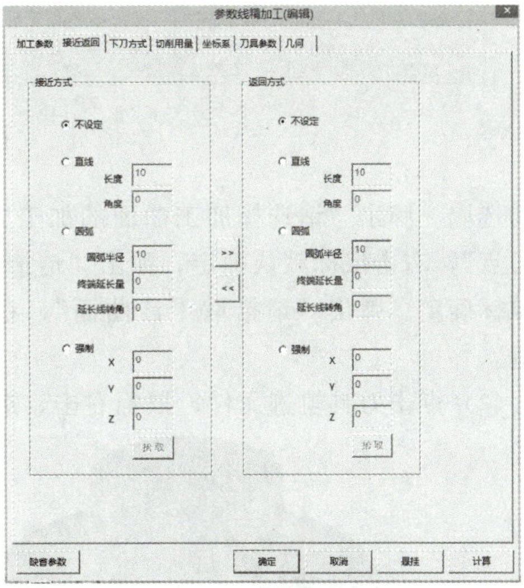

图 7-82

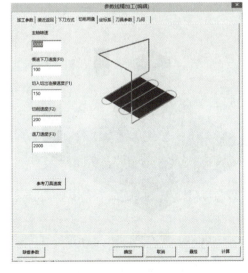

图 7-83

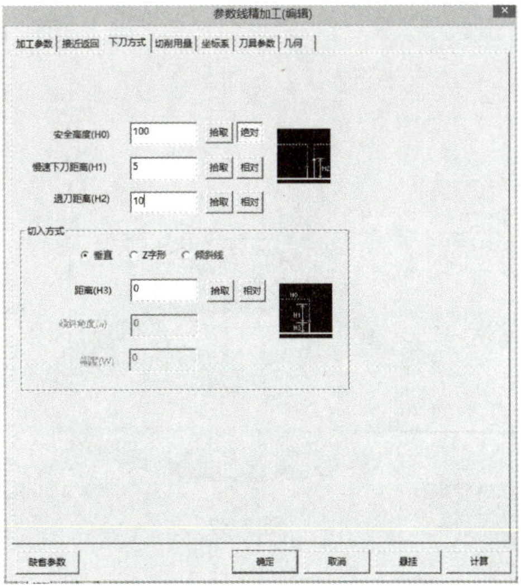

图 7-84

(2)弹出"请拾取加工曲面",左键拾取 $R30$ 旋转曲面,右击鼠标确定,完成加工曲

项目7 平面类零件数控加工

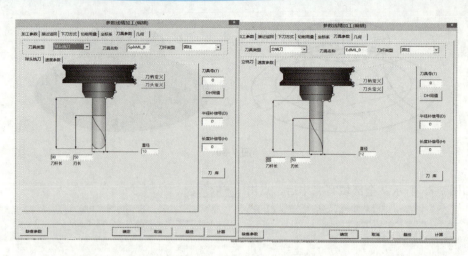

图 7-85

面的选取。弹出"请选择加工曲面的加工方向",右击鼠标确定加工方向。弹出"请拾取进刀点",右击鼠标默认确定,弹出"请拾取加工方向"选取如图 7-86 所示加工方向,右击鼠标确定。弹出"请拾取干涉曲面",右击鼠标默认确定,生成如图 7-87 所示的加工轨迹。

(3) 点击刀具轨迹文件,鼠标右击,进入仿真界面,点击【播放】。如图 7-88 所示。

图 7-86

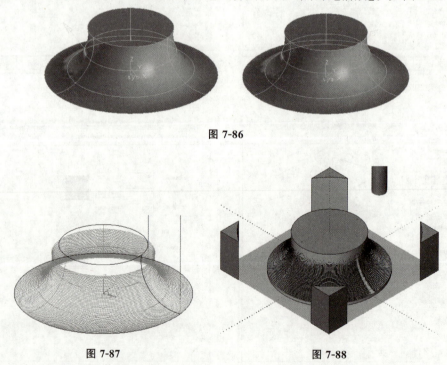

图 7-87 图 7-88

(4) 在特征树选中【参数线精加工】,双击【加工参数】,弹出参数修改对话框,将行距改为 0.1,点击确定生成如图 7-89 所示的加工轨迹。点击刀具轨迹文件,鼠标右击,进入仿真界面,点击【播放】。如图 7-90 所示。

任务3　圆台曲面建模与仿真加工

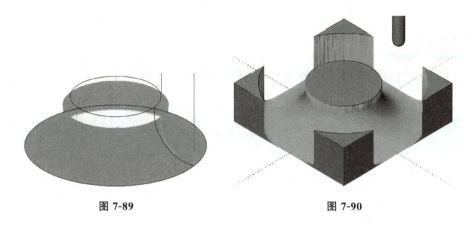

图 7-89　　　　　　　　　　　　图 7-90

（5）在加工管理树窗口中，右击空白区域，选取【后置设置】选取【生成 G 代码】弹出【生成后置代码】，点击【代码文件】，选择文件的保存路径，输入文件名"O0001"，点击【保存】按钮。如图 7-91 所示。

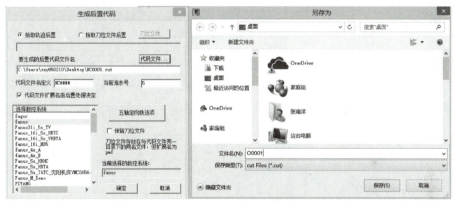

图 7-91

（6）在轨迹树轨迹文件夹或绘图区拾取一个加工轨迹，鼠标右击，生成 G 代码，如图 7-92 所示代码。

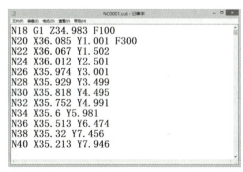

图 7-92

项目7 平面类零件数控加工

任务考核

表 7-3 任务实施评价表

姓名：_____   班级：_____

序号	检测内容与要求	分值	学生自评（25%）	小组互评（25%）	教师评价（50%）
1	学习态度	5			
2	安全、规范、文明操作	5			
3	完整零件图的绘制	10			
4	曲面建模	40			
5	曲面加工	40			
6					
7					
8					
9					
10					
11					
12					
总分		100	合计：		
问题记录和解决办法	记录任务实施中出现的问题和采取的解决方法				

任务4 连杆建模与仿真加工

根据图 7-93 所示零件图，完成零件的加工建模。选择合理的加工方式生成零件的加工轨迹并进行必要的后置处理生成加工代码，并进行仿真加工。

任务4　连杆建模与仿真加工

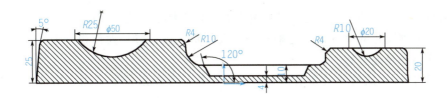

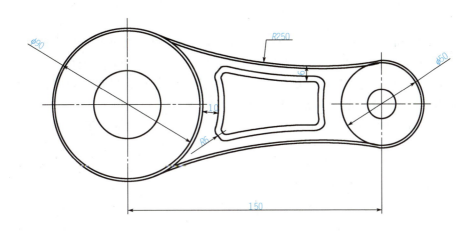

图 7-93

🔧 任务分析

圆台曲面零件图是由剖视图和俯视图组成。

根据零件的特点，主要采用拉伸、旋转建模。

加工方法主要采用等高线加工。加工过程包括粗精加工轨迹生成及校验、后置处理及加工代码生成 G 代码。

🔍 相关知识

等高线粗加工是在刀具路径在同一高度内完成一层切削，遇到曲面或实体时将绕过，下降一个高度进行下一层的切削。等高线粗加工在数控加工应用上最为广泛，适用于大部分的粗加工，实际加工中 90％以上粗加工都是应用等高线粗加工完成的。粗加工是切削的第一步，它通常用于快速大量地去除多余材料和为半精加工或精加工留下较小的余量等。等高线粗加工支持包围盒毛坯，同时也支持柱形及 STL 自定义毛坯。它的原理类同于等高线精加工，所不同的是等高线精加工只生成一层的轨迹，而粗加工要生成多层的轨迹。因为它加工的是一个体，不是面。

行距和残留高度。行距的概念，就是在平面上两刀之间的距离，根据刀具的不同，涉及的残留高度也不同。就是图 7-94

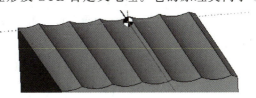

图 7-94

中两个刀具轨迹的距离称为行距,其中的棱高,术语称之为残留高度。

与之前版本变化的地方是,它多了个最大行距(顺)与最大行距(逆)。这里顺指的是顺铣,逆指的是逆铣。

【往复】时,生成的轨迹既有顺铣,又有逆铣。所以系统给了用户更改行距的机会,顺铣、逆铣的行距可以分开给,当选择【单向】时,只有一个行距可填写。

【刀具直径%】显示的是行距占所选刀具直径的百分比,也可以直接填写百分比,输入后行距会自动变行。

【层高】:Z向的两层刀路之间的距离。【插入层数】:可以在两层刀路之间插入刀路,类似于2011版本中的稀疏化。这个可以提高加工效率,同时保留均匀余量。

【最小宽度】:指的是在平坦部的等高加工轨迹中,删除掉小于此宽度的轨迹段。

【切削宽度自适应】:此选项是一个很大的改进,实际上可以单独作为一个功能。这也是比之前版本功能强大的地方。它的层数还是按等高的形式生成的,不同的地方是在一层的轨迹,是按螺旋走刀进行的,所以只有单行距。与单向类似,选择此选项后,行距会生成一个行距选项。

【下/抬刀方式】:粗加工特有的参数项。

【中心可切削刀具】:选择此选项后,表明刀具可以加工形腔,可以直接切削。系统也提供了几种下刀切削方式。这里有个螺旋下刀,有的用户不想要它,可不知道怎么去掉它。在自适应轨迹中,下刀是自动添加的。只有去掉切削宽度自适应选项,下刀选项都是可控的。

【允许刀具在毛坯外部】:指的是加工外形时,刀具可以从毛坯外部进刀。默认选择此选项,如果加工的是内形腔,请把此选项去掉。

【预钻孔处下刀点】:指的是可以在毛坯上预先钻一些孔,系统会自动在这加工。

等高线精加工是个非常常用的功能,已经相当的普及了。在2016版本中加工参数界面上添加了不少的解释性图片,这些图片对于理解相关的参数有很大的帮助,能够做到较快地上手。

任务实施

1. 作基本拉伸体的草图

(1)绘制整圆。单击零件特征树的"平面XOY",选择XOY面为绘图基准面。单击"绘制草图"按钮,进入草图绘制状态。单击曲线生成工具栏上的"整圆"按钮,在立即菜单中选择做圆方式为"圆心_半径",按Enter键,在弹出的对话框中先后输入圆心(0,0,0),半径$R=45$并确认,然后单击鼠标右键结束该圆的绘制。同样方法输入圆心(150,0,0),半径$R=25$绘制另一圆,并连续单击鼠标右键两次退出圆的绘制。结果如图7-95所示。

(2)绘制相切圆弧。单击曲线生成工具栏上的"圆弧"按钮,在特征树下的立即菜单中选择做圆弧方式为"两点_半径",然后按空格键,在弹出的点工具菜单中选择【切点】命令,拾取两圆上方的任意位置,按Enter键,输入半径$R=250$并确认完成第一条相切线。接着拾取两圆下方的任意位置,同样输入半径$R=250$。结果如图7-96所示。

任务4 连杆建模与仿真加工

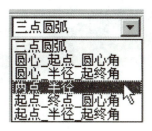 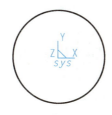

图 7-95

（3）裁剪多余的线段。单击线面编辑工具栏上的"曲线裁剪"按钮 ，在默认立即菜单选项下，拾取需要裁剪的圆弧上的线段，结果如图 7-97 所示。

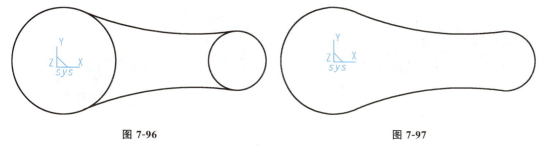

图 7-96　　　　　　　　　　　　　图 7-97

（4）退出草图状态。单击"绘制草图"按钮 ，退出草图绘制状态。按 F8 观察草图轴侧图。如图 7-98 所示。

图 7-98

2. 利用拉伸增料生成拉伸体

（1）单击特征工具栏上的"拉伸增料"按钮 ，在对话框中输入深度=10，选中"增加拔模斜度"复选框，输入拔模角度=5度，并确定。结果如图 7-99 所示。

图 7-99

（2）绘制小凸台草图。单击基本拉伸体的上表面，选择该上表面为绘图基准面，然后单击"绘制草图"按钮 ，进入草图绘制状态。单击"整圆"按钮 ，按空格键选择【圆心】命令，单击上表面小圆的边，拾取到小圆的圆心，再次按空格键选择【端点】命令，单击上表面小圆的边，拾取到小圆的端点，单击右键完成草图的绘制。结果如图 7-100 所示。

(3) 单击"绘制草图"按钮，退出草图状态。然后单击"拉伸增料"按钮，在对话框中输入深度＝10，选中"增加拔模斜度"复选框，输入拔模角度＝5 度，并确定。结果如图 7-101 所示。

图 7-100

(4) 拉伸大凸台。绘制小凸台草图相同步骤，拾取上表面大圆的圆心和端点，完成大凸台草图的绘制。与拉伸小凸台相同步骤，输入深度＝15，拔模角度＝5°，生成大凸台，结果如图 7-102 所示。

图 7-101

图 7-102

3. 利用旋转减料生成小凸台凹坑

(1) 单击零件特征树的"平面 XOZ"，选择平面 XOZ 为绘图基准面，然后单击"绘制草图"按钮，进入草图状态。

(2) 作直线 1。单击"直线"按钮，按空格键选择【端点】命令，拾取小凸台上表面圆的端点为直线的第 1 点，按空格键选择【中点】命令，拾取小凸台上表面圆的中点为直线的第 2 点。

(3) 单击曲线生成工具栏的"等距线"按钮，在立即菜单中输入距离 5，拾取直线 1，选择等距方向为向上，将其向上等距 5，得到直线 2，如图 7-103 所示。

(4) 绘制用于旋转减料的圆。单击"整圆"按钮，按空格键选择【中点】命令，单击直线 2，拾取其中点为圆心，按 Enter 键输入半径 10，单击鼠标右键结束圆的绘制，如图 7-104 所示。

图 7-103

图 7-104

(5) 删除和裁剪多余的线段。拾取直线 1 单击鼠标右键在弹出的菜单中选择【删除】命令，将直线 1 删除。单击"曲线裁剪"按钮，裁剪掉直线 2 的两端和圆的上半部分，如图 7-105 所示。

(6) 绘制用于旋转轴的空间直线。单击"绘制草图"按钮，退出草图状态。单击"直线"按钮，按空格键选择【端点】命令，拾取半圆直径的两端，绘制与半圆直径完全重合的空间直线。结果如图 7-106 所示。

图 7-105

图 7-106

(7) 单击特征工具栏的"旋转除料"按钮，拾取半圆草图和作为旋转轴的空间直线，并确定，然后删除空间直线，结果如图 7-107 所示。

图 7-107

4. 利用旋转减料生成大凸台凹坑

(1) 与绘制小凸台上旋转除料草图和旋转轴空间直线完全相同的方法，绘制大凸台上旋转除料的半圆和空间直线。具体参数：直线等距的距离为 15，圆的半径 $R = 25$。结果如图 7-108 所示。

(2) 单击"旋转除料"按钮，拾取大凸台上半圆草图和作为旋转轴的空间直线，并确定，然后删除空间直线，结果如图 7-109 所示。

图 7-108

图 7-109

5. 利用拉伸减料生成基本体上表面的凹坑

(1) 单击基本拉伸体的上表面，选择拉伸体上表面为绘图基准面，然后单击"绘制草图"按钮，进入草图状态。

(2) 单击曲线生成工具栏的"相关线"按钮，选择立即菜单中的"实体边界"，拾取如图 7-110 所示的 4 条边界线生

图 7-110

成等距线。单击"等距线"按钮 ，以等距距离 10 和 6 分别作刚生成的边界线的等距线，如图 7-111 所示。

(3) 曲线过渡。单击线面编辑工具栏的"曲线过渡"按钮，在立即菜单处输入半径 6，对等矩生成的曲线作过渡，结果如图 7-112 所示。

图 7-111

(4) 删除多余的线段。单击线面编辑工具栏的"删除"按钮，拾取 4 条边界线，然后单击鼠标右键将各边界线删除，结果如图 7-113 所示。

图 7-112

图 7-113

(5) 拉伸除料生成凹坑。单击"绘制草图"按钮，退出草图状态。单击特征工具栏的"拉伸除料"按钮，在对话框中设置深度为 6，角度为 30，结果如图 7-114 所示。

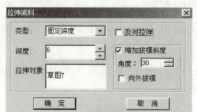

图 7-114

6. 过渡零件上表面的棱边

(1) 单击特征工具栏的"过渡"按钮，在对话框中输入半径为 10，拾取大凸台和基本拉伸体的交线，并确定，结果如图 7-115 所示。

图 7-115

(2) 单击"过渡"按钮，在对话框中输入半径为 5，拾取小凸台和基本拉伸体的交线，并确定。

(3) 单击"过渡"按钮，在对话框中输入半径为 4，拾取上表面的所有棱边并确定，结果如图 7-116 所示。

🔧 7. 连杆仿真加工

连杆件的整体形状较为陡峭，整体加工选择等高线粗加工，精加工采用等高线精加工。对于凹坑的部分根据加工需要还可以应用曲面区域加工方式进行局部加工。

图 7-116

1）等高线粗加工刀具轨迹线

（1）设置粗加工参数。选择【加工】－【常用加工】－【等高线粗加工】命令，在弹出的粗加工参数表中设置如图 7-117 所示粗加工的参数。选择 φ10 的球刀，根据使用的刀具，设置切削用量参数，如图 7-118 所示，并确定，其余参数按照默认设置。

图 7-117

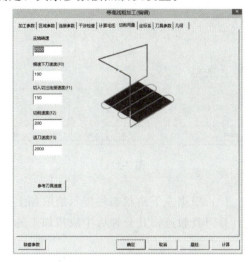

图 7-118

（2）粗加工参数表设置好后，单击"确定"按钮，屏幕左下角状态栏提示"请拾取加工曲面"。鼠标选取连杆，如图 7-119 所示，并右击，计算刀路轨迹，系统就会自动生成粗加工轨迹。如图 7-120 所示。

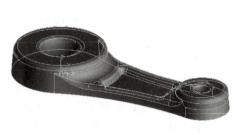

图 7-119

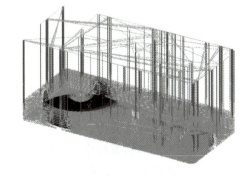

图 7-120

（3）隐藏生成的粗加轨迹。拾取轨迹单击鼠标右键，在弹出的菜单中选择【隐藏】命令即可。

项目7 平面类零件数控加工

2）等高线精加工刀具轨迹线

（1）设置精加工参数。选择【加工】－【常用加工】－【等高线精加工】命令，在弹出加工参数表中设置精加工的参数，如图 7-121 所示，注意加工余量为"0"。

（2）设置切削用量参数，如图 7-122 所示。其余参数的设置与粗加工的相同。

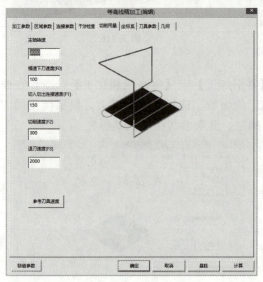

图 7-121

图 7-122

（3）根据左下角状态栏提示拾取加工曲面。拾取整个零件表面，按右键确定。系统开始计算刀具轨迹，几分钟后生成精加工的轨迹。如图 7-123 所示。

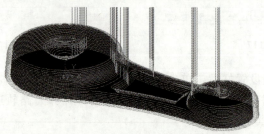

图 7-123

（4）隐藏生成的精加工轨迹。拾取轨迹单击鼠标右键在弹出的菜单中选择【隐藏】命令即可。

8. 轨迹仿真、检验

（1）点击刀具轨迹文件，鼠标右击，进入仿真界面，点击【播放】。如图 7-124 所示。

（2）在加工管理树窗口中，右击空白区域，选取【后置设置】选取【生成G代码】弹出【生成后置代码】，点击【代码文件】，选择文件的保存路径，输入文件名"等高线粗加工"，点击【保存】按钮。如图 7-125 所示。

任务4　连杆建模与仿真加工

图 7-124

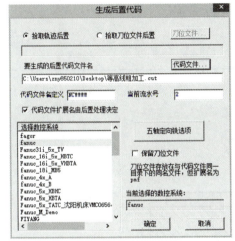

图 7-125

任务考核

表 7-4　任务实施评价表

姓名：＿＿＿＿＿＿＿＿　　　　　　　　　　　　　　班级：＿＿＿＿＿＿＿＿

序号	检测内容与要求	分值	学生自评（25%）	小组互评（25%）	教师评价（50%）
1	学习态度	5			
2	安全、规范、文明操作	5			
3	完整零件图的绘制	10			
4	连杆建模	40			
5	连杆粗加工	20			
6	连杆精加工	20			
7					
8					
9					

续表

序号	检测内容与要求	分值	学生自评 （25%）	小组互评 （25%）	教师评价 （50%）
10					
11					
12					
总 分		100	合计：		
问题记录 和解决办法	记录任务实施中出现的问题和采取的解决方法				

 复习思考

7-1. 完成图习题 7-1 零件的仿真加工。

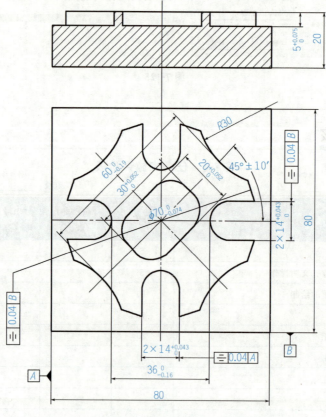

习题 7-1

7-2. 完成图习题 7-2 零件的建模与仿真加工。

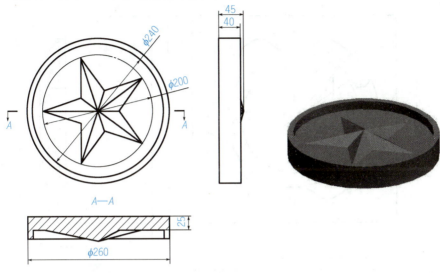

习题 7-2

7-3. 完成图习题 7-3 零件的建模与仿真加工。

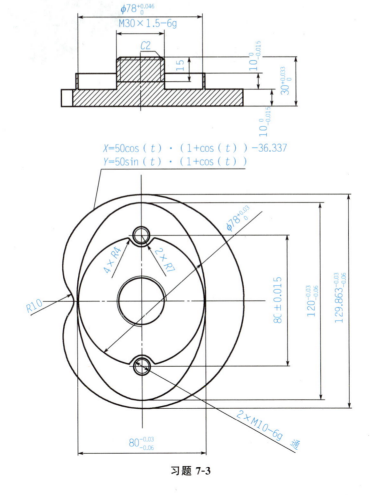

习题 7-3

7-4. 完成习题 7-4 零件的建模与仿真加工。

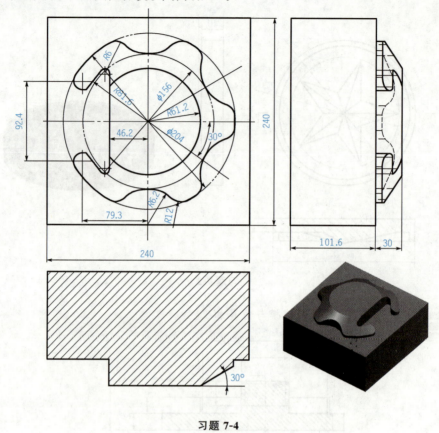

习题 7-4

参 考 书 目

[1] 刘玉春. CAXA 制造工程师 2016 项目案例教程［M］. 北京：化学工业出版社，2019.
[2] 汤爱君. CAXA 实体设计 2016 基础与实例教程［M］. 北京：机械工业出版社，2017.
[3] 张云杰. CAXA 电子图板 2015 设计技能课训［M］. 北京：电子工业出版社，2016.
[4] 刘玉春. CAXA 数控车 2015 项目案例教程［M］. 北京：化学工业出版社，2018.